明清时期浙江海洋文献研究

张杰　程继红　著

海洋出版社

2019年·北京

图书在版编目（CIP）数据

明清时期浙江海洋文献研究 / 张杰，程继红著. --北京：海洋出版社，2019.11

ISBN 978-7-5210-0452-6

Ⅰ. ①明… Ⅱ. ①张… ②程… Ⅲ. ①海洋学－古籍研究－中国－明清时代 Ⅳ. ①P7-092②G256.22

中国版本图书馆CIP数据核字(2019)第242585号

责任编辑：赵　武　黄新峰
责任印制：赵麟苏
海洋出版社 出版发行
http://www.oceanpress.com.cn
北京市海淀区大慧寺路8号　邮编：100081
北京朝阳印刷厂有限责任公司印刷　新华书店发行所经销
2019年11月第1版　2019年11月北京第1次印刷
开 本：787mm×1092mm　1/16　印 张：12.5
字 数：218千字　定 价：68.00元
发行部：62132549　邮购部：68038093　总编室：62114335

总　序

我国是一个拥有超过 18000 千米大陆海岸线、约 300 万平方千米主张管辖海域的海洋大国。几千年来古代先民与海洋共生互动，海洋文明生生不息。《尚书》《世本》等文献中已有古代先民探索海洋的记载，战国末期思想家韩非子云“历心于山海而国家富”。孔子曾言“道不行，乘桴浮于海”。秦朝徐福东渡日本，《汉书·地理志》记载徐闻、合浦诸港及多条海上航线。唐朝形成了扬州、明州、广州、泉州四大港口，在广州专设市舶使。《新唐书·地理志》载“广州通海夷道”。宋元时期鼓励海上交通，沿海港口繁荣，海外经贸空前发达。明代郑和七下西洋，与 30 多个国家开展海上经贸文化交流，海上航线远及非洲东海岸。明后期及清朝有多个时段采取海禁政策，注重海疆经略。

我国古代长期在航海造船技术、海洋贸易、海洋军事、海洋科技等领域处于领先地位，持续 2000 多年辐射大半个地球的“海上丝绸之路”是东西方文化经济交流的重要纽带。中华文明中带有天然的蓝色基因和海洋属性。数量巨大、种类多样的中国海洋古文献正是历久弥新的海洋文化载体。自 2011 年起我们着手进行海洋古文献整理研究，将中国海洋古文献界定为产生在 1911 年之前反映海洋（海岛）文明和涉海事务的文献资料，其中包括中国籍人士撰写的海洋古文献，以及海外人士撰写内容与中国相涉的海洋古文献。2014 年获国家社会科学基金重点项目“中国海洋古文献总目提要”立项，并逐渐开展“中国海洋古文献整理与研究丛刊”策划与编纂工作。

“丛刊”旨在从海洋古文献的角度，致力于中国海洋文明史研究的基础工程，围绕中国古代海疆史、海岛史、海港史、海运史、海关史、海塘史、海洋渔盐史、海外贸易史、海国交流史、海洋科技史、海洋生态史等方面文献，广泛、系统地进行搜集与整理，希冀全面展现海洋文献世界中的古代中国。经过多年努力，现已检得海洋古文献1500余种，编制了《中国海洋古文献总目》。随着整理与研究的逐步深入，我们计划陆续推出系列研究成果，接受专家学者检验。“丛刊”成果形式包括辑校、标点、注释、编著等。成果结构编排可按文献内容、省份、海域等不同角度进行划分。按内容可分为海洋史地、海洋交通、海洋经贸、海洋军事、海洋科技等文献；按省份可根据现行行政区划分为辽宁、河北、山东、江苏、浙江、福建、两广与海南、港澳台、海外诸国等文献；按海域可分为综合、渤海、黄海、东海、南海、海外等文献。本着成熟一部出版一部的原则，总体统筹，不拘一格，对成果形式、编排结构等亦不做统一要求。

中国海洋古文献整理与研究工作是一个系统且长期的工程，我们将以“愚公移山”的精神，不断开采海洋古文献这座金山，以期为我国海洋文明研究、海洋文化建设提供厚重的文献支持。近年来，我们也看到海洋古文献课题、成果陆续出现，让人感到十分欣喜，这恰恰表明开山路上志同道合者愈来愈多，海洋古文献领域道路将越走越宽！

程继红

2019年8月31日

前　言

明清时期，海上事多，浙江往往首当其冲。

元末明初方国珍沿海起事，割据宁温台20年，至今位于舟山定海的“留方井”仍在滋养百姓。明嘉靖初日使“争贡之役”拉开了倭患大幕，浙江沿海是抗击倭寇的主战场之一。明末清初鲁王浙东抗清，主要以舟山群岛为根据地，普陀山成为张煌言的最后隐匿处。清代中后期浙东沿海又经历了两次鸦片战争、中法战争镇海保卫战等重大海洋军事事件的洗礼。当然，历史留给浙江的不仅仅是海洋军事，还有海疆史地、海塘水利、海上航线、海国交流、潮汐、盐务、海洋生物等各个方面，与之相关的文献形成了包罗宏富的浙江古代海洋文献。

“海洋文献”这一提法不见于古代任何一种目录学著作，其多散见于史志、方志、公私书目，但这也并非一个崭新的提法，早在2007年郑杰文先生的《海洋文献的类别及研究意义》一文即对海洋古文献进行了较为系统的解读，并对海洋古文献从理论上作了初步分类。近年来，随着国家海洋战略的不断推进，古代海洋文献研究可谓恰逢其时，已成为学界研究热点之一，《海疆史志》《海疆文献初编》《中国古代海岛文献地图史料汇编》等大型图书陆续影印出版，相关研究成果持续涌现。治学的目的在于经世致用。古代海洋文献是古代海洋历史、海洋思想、海洋观念的直接载体。鉴于往事，以资未来。研究古代海洋文献要将整理与现实相结合，为当前海洋权益保障、海洋文化研究提供历史文献参照和依据，在中国由海洋大国迈向海洋强国的进程中发挥积极作用。

笔者身处舟山群岛，深爱这一片蔚蓝，多年前开始以浙江省域为切入点开展古代海洋文献研究，立志摸清家底。明清两朝是中外文明碰撞最为激烈的时期，浙江是我国海洋活动最为频繁的地区之一，这期间产生的浙江海洋文献无疑极具典型性。这些文献客观地记录了这一时期我国东部沿海社会新旧交替、海洋文明发展重大变革的历史过程，从浙江一隅可以折射中华民族辉煌于海洋，屈辱于海洋，终将复兴于海洋的历史意象。本书以明清时期浙江海洋文献为研究对象，即产生于 1368 年明朝建立至 1911 年清朝灭亡浙江籍人士著述的海洋文献和非浙江籍人士撰写、内容涉及浙江古代海洋文明的文献。经过多年努力，笔者一方面查阅古今各类目录著作、沿海方志；一方面根据线索走访各地图书馆、档案馆、博物馆，发掘幽微，考订核实，去重别异，共得文献 271 种，整理出了一部相对详尽的明清时期浙江海洋文献总目。在此基础上，将所有文献分为海洋史地文献（67 种）、海洋交通文献（33 种）、海洋军事文献（108 种）、海洋经济贸易文献（17 种）、海洋科技文献（46 种）五大类，对作者生平、文献内容、版本源流、著录情况、文献价值等进行了详细考察，初步勾勒了明清时期浙江海洋文献产生、发展、演变的轨迹，基本构建了明清时期浙江海洋文献总体框架，为相关研究提供了基础文献线索。同时，囿于学力、时间、检索范围等因素，明清时期浙江海洋文献总目定然尚有遗珠，假以时日，总数还会不断增加。对文献的版本、著录、流传递藏等情况虽尽力做了考订，仍有进一步访稽的空间。

本书撰写过程中，笔者得到了浙江省哲学社会科学重点研究基地（宁波大学浙江省海洋文化与经济研究中心）省社科规划一般项目《明清时期浙江海洋文献研究》（编号：14JDHY03YB）立项资助。本书是 2014 年度国家社科基金重点项目“中国海洋古文献总目提要”（编号：14ATQ004）阶段性成果。

本书只是浙江古代海洋文献研究方面的一次初步尝试。由于笔者才疏学浅，力不从心，书中难免存在疏漏、讹误之处，敬祈方家不吝指正，以期他日再版时修订完善。

张 杰

2019 年 8 月 31 日

凡　例

一、研究对象为明清时期浙江海洋文献，时间区间限定在明朝建立（1368年）至清帝退位（1911年），包括两大类：浙江籍人士著述的海洋文献，如清代钱塘聂璜绘《海错图》；非浙江籍人士所撰，内容反映浙江海洋文明的文献，如明代江西新建谢廷杰著《两浙海防类考》。

二、研究空间，以现行浙江省行政区域为限，包括杭州、宁波、温州、绍兴、湖州、嘉兴、金华、衢州、舟山、台州、丽水等十一个地区。

三、研究资料，包括浙江的海洋史地文献、海洋交通文献、海洋军事文献、海洋经济贸易文献、海洋科技文献等五大部分，如清代龚柴《中国海岛考略》、明代王宗沐《海运详考》、明代屠本畯《海味索隐》。

四、研究内容，包括著作名、卷数、著者生平、创作缘起、成书时间、文献内容、著录情况、版本源流、代表版本描述、序跋、文献价值、整理点校现状等方面。

五、文献编排顺序，采取以类相从，兼顾时间原则。

六、同一作者多种著作，分类表述，作者小传见第一种文献，后文不重复出现，如清代钱单士厘《癸卯旅行记》与《归潜记》。

七、同书异名文献，行文中一并说明，不再单独列目，如清代任光复《航澥遗闻》又名《鲁王纪事》。

八、散佚文献列入相应类别中，注明存佚情况。

目　录

第一章　海洋史地文献研究

浙江地处东海之滨，海域面积辽阔，海岸线总长度、海岛数量均居全国首位，独特的地理优势，使浙江人对海洋历史、地理的认知起步较早。随着航海技术的不断进步，海上交通的不断扩大，人们对海洋史地的认知也在不断发展，有官修、私著，有专著、游记，有志书、图说，形式多样。浙江古代海洋史地文献，系统地反映了海洋地理、历史、风土、民情、信仰等各个方面内容。

第一节　域外海洋史地认知文献

对域外海洋史地的认知，南宋时即出现了成熟的文献记载。南宋时期温州人周去非的《岭外代答》十卷，分地理、风土、法制、服用、虫鱼、古迹、蛮俗等二十门，凡 294 条，内容涉及宋代岭南地区的社会、经济、风俗、物产、山川、古迹等方面。台州人赵汝适《诸蕃志》二卷，上卷志国，东起今日本、菲律宾，南至印尼群岛，西到意大利西西里岛，北止中亚及小亚细亚诸国；下卷记载各国物产及风土人情。尤为值得注意的是，其中外国门、香门、货门论及南洋诸国，及大秦、大食、木兰皮等非欧国家和地区。这两部书记载了南宋时期我国与海外诸国交往的交通、贸易等详细情况，是我国古代海上交通的重要地理著作。

明清时期浙江有关域外海洋史地认知的文献，随着海国交流的发展，相关图文资料亦大量出现。

1.《皇明四夷考》二卷，（明）郑晓撰

郑晓（1499—1566），字室甫，号淡泉，浙江海盐人，嘉靖进士，初授兵部职方主事，博洽多闻，通经致用，熟悉边疆掌故，曾任兵部右侍郎兼右都御史、刑部尚书、兵部尚书等职，为官刚正，知兵事，理戎务，讨倭

寇，颇有建树，谥“端简”。有《九边图志》《禹贡图说》《吾学编》《微吾录》等著作传世。

《皇明四夷考》上下卷，原为郑氏《吾学编》之《四裔考》，郑氏广泛采集史籍、文集、档册、笔记、邸报等资料，并结合当时具体情形，详加审订编纂而成，成书于嘉靖四十三年（1564）。郑氏自序有言：“昔也，外人入中华，今也华人入外夷也。喜宁田小儿宋素卿、莫登瀛皆我华人。云中闽浙，忧未艾也。是故慎封守者，非直御外侮，亦以固内防也。池鱼故渊，飞鸟旧林，人情独不然乎？彼其忍捐坟墓父母妻子乡井，而从异类者，必有大不得已也。呜呼！德惟善政，政在养民，盍亦反其本矣。不然，而欲郡县我子弟，武卫我干城，乌可得哉。”① 是编上卷包括安南、兀哈良、朝鲜、琉球、三佛齐、日本、真腊、苏门答剌等12国，下卷包括古俚、浡泥、满剌加、苏禄、撒马儿罕、天方、彭亨、吕宋、沙哈鲁等80国（地方）。是编共分条记载国名、部族、地名92个，涉及日本、吕宋、暹罗、占城、琉球等几十个海洋国家和地区，对于当地的历史源流、民族文化、风土民情、道里远近等叙述颇为周详，是研究明代中叶海洋历史、边境史地、海上交流、中外关系和各地民族文化的重要史料。

版本有明隆庆元年（1567）郑履淳刻《吾学编》本，清代被列为禁书，传本稀见，卷前有嘉靖四十三年（1564）郑氏自序，每半页十行，行十九字，左右双边，有界栏，上单鱼尾，白口，版心镌书名、卷次及页码。另有明嘉靖刻《郑端简公全集》本，国家图书馆藏；清末铅印本，惜未见。是篇1933年排印收入国学文库丛书，1937年文殿阁书庄再版。1968年台湾华文书局《中华文史丛书》第十六种排印收录。2002年季羡林名誉主编四川民族出版社《中国少数民族古籍集成》影印收录。

2.《殊域周咨录》二十四卷，（明）严从简撰

严从简，字仲可，号绍峰，浙江嘉兴人，生卒不详，嘉靖三十八年（1559）进士，曾任行人司行人、刑科右给事中、婺源县丞、扬州同知等职。后遭诬陷，降职免官。万历二年（1574）完成《殊域周咨录》。

《殊域周咨录》二十四卷，该书以厚今薄古为原则，按地理方位将介绍

---

①《皇明四夷考》，《中华文史丛书》十六，台湾华文书局，1969年，第458页。

对象分为东夷、西戎、南蛮、北狄。其中前九卷为东夷和南蛮，属于海外交通。东夷包括朝鲜、日本、琉球；南蛮：安南、占城、真腊、暹罗、满剌加、爪哇、三佛齐、浡泥、琐里、苏门答剌、锡兰、苏禄、麻剌、忽鲁谟斯、佛郎机。是编详细记述了当时这些国家和地区的人文、山川、民族、风俗、物产，及明朝海外诸国交往的历史等情况，目的是为明朝官员出使提供可资参考的资料。是编是研究明代中外关系史的重要文献。

明代祁承㸁《澹生堂藏书目》：“《殊域周咨录》二卷，十册，严从简”。清丁仁《八千卷楼书目》卷八史部：“《殊域周咨录》二十四卷，明严从简撰，明刊本”。清范邦甸《天一阁书目》卷二之二史部：“《殊域周咨录》二十四卷，刊本，明严崇简撰”。“崇”当为“从”。清阮元《文选楼藏书记》卷六：“《殊域周咨录》二十四卷，明给事中严从简著，嘉兴人，刊本。是书分记外国事迹风土”。清万斯同《明史》卷一百三十四志一百八：“严从简《殊域周咨录》二十四卷，嘉兴县人，嘉靖己未进士”。清姚觐元《清代禁毁书目四种》：“《殊域周咨录》，明严从简撰”。清张廷玉《明史》卷九十七志第七十三：“严从简《殊域周咨录》二十四卷”。盛枫《嘉禾征献录》卷三：“从简字仲可……著《殊域周咨录》二十四卷行世”。

清丁丙《善本书室藏书志》卷十三：“《殊域周咨录》二十四卷（明刊本，海虞吴蔚光藏书），明行人司行人刑科右给事中嘉禾严从简辑。是《录》载于《千顷堂书目》。一卷，朝鲜；二至三，日本；四，琉球；五至六，安南；七，占城；八，真腊、暹罗、满剌加、瓜哇、三佛齐、勃泥、琐里古里；九，苏门答剌、锡兰、苏禄、麻剌、忽鲁谟斯、佛郎机、云南、百夷；十，吐蕃；十一，拂菻、榜葛剌、默德那、天方国；十二，哈密；十三，吐鲁番；十四，赤斤蒙古、安定阿端、曲先、罕东、火州；十五，撒马儿罕、亦力把力、于阗、哈烈；十六至二十二，鞑靼；二十三，兀良哈；二十四，女直。万历癸未正治上卿、吏部尚书、滇浙居士寅所严清撰《序》，谓谏议姪绍峰子所著《殊域周咨录》乞序，乃知其官行人时子辑。名以周咨者，因靡及之怀，勤采访之博，虽于耿光大烈，未克兼总其全；若门类分编，岂非为天下九经中柔远人怀诸侯之模范哉！有‘蔚光’‘太史公小宗伯’‘海虞吴氏拥书楼图史’诸印。蔚光字哲甫，号竹桥昭文人，乾隆四十五年进士，官礼部主事”。

版本有明万历年间刻本，北京图书馆有藏。清代因《殊域周咨录》卷二十四将女真列入东北夷，成为禁书，刻本、抄本均无，《四库全书》亦未收录。1920 年故宫博物院图书馆排印本。1993 年余思黎点校《殊域周咨录》中华书局版。

3.《皇明象胥录》八卷，（明）茅瑞徵撰

茅瑞徵，字伯符，明代浙江归安（今湖州）人，生卒不详，明代文学家茅坤从孙，万历二十九年（1601）进士，历任泗水知县、福建参政、湖广右布政使、南京光禄寺卿等职。任职南京鸿胪寺期间与外国使者多有接触，茅氏结合史籍文献将见闻编纂成书，因鸿胪寺一职类《周礼》秋官“象胥”，因之书名《象胥录》。

是编又名《象胥录》，全书共八卷，卷一为朝鲜、琉球；卷二为日本；卷三为安南；卷四为占城、真腊、暹罗、爪哇、三佛齐、百花、浮泥、苏禄、彭亨、婆罗；卷五为满剌加、吕宋、苏门答剌、锡兰山、柯枝、古里、古麻剌、西洋琐里、琐里；卷六为哈密（附赤斤蒙古、安定、阿端、曲先、罕东）；卷七为西域、土鲁番、于阗、亦力把力、撒马尔罕、哈烈、拂棘、天竺、榜葛剌、天方、默德那；卷八为西番、兀良哈。取材精详，介绍全面，包括各个国家和地区的沿革、山川、地理、民族风情，及与明朝的交往情况，另附有史论。

清代徐乾学《传是楼书目》有著录，“《皇明象胥录》八卷，明茅瑞徵，二本。”清万斯同《明史》卷一百三十四志一百八：“茅瑞徵《象胥录》八卷。”清姚觐元《清代禁毁书目四种》：“《象胥录》，明茅瑞徵撰。”清张廷玉《明史》卷九十七志第七十三：“茅瑞徵《象胥录》八卷。”清朱彝尊《静志居诗话》卷十六：“茅瑞徵，字伯符，归安人，万历辛丑进士，除知泗水县，调黄冈，擢兵部主事，历郎中，终南京光禄寺卿，卒赠大理寺卿，有《澹朴集》。大理鹿门从孙，家世饶裕，鹿门孜孜治生，大理耽情吟咏，历官有廉吏之目，壮年即解组归田。自叙云：炙手不知炎，下石不知险，脂膏不知润，轩冕不知荣，胸无机械意，无好丑，殆天下之至愚人也。因自号苕上愚公，官职方时，著有《象胥录》《三大征考》。诗亦真率自喜，《彭城怀古》云：‘望彭城，彭城面，面水环匝与城平。君不见，马中赤人中布，引水灌城走无路’”。

版本有崇祯二年（1629）茅氏芝园刻本，国家图书馆，1937 年商务印书馆《国立北平图书馆善本丛书》，1968 年台湾华文书局《中华文史丛书》第十七种、1990 年兰州古籍书店《中国西北文献丛书》、1997 年北京出版社《四库禁毁书丛刊》，均收录此书。1988 年江苏广陵古籍刻印社重新影印了《国立北平图书馆善本丛书》。

4.《朝鲜诸水编》一卷，（清）齐召南撰

齐召南（1703—1768），字次风，号琼台，晚号息园，浙江天台人，地理学家，自幼聪颖好学，博闻强识，有神童之誉。雍正十一年（1733）举博学鸿词，乾隆元年（1736）殿试，钦定二等第八名，为翰林院庶吉士，授检讨，深得乾隆帝赏识，官累至内阁学士、礼部右侍郎，后因伤病辞归故里。齐氏曾被命充任《大清统一志》纂修官，此后又历任《明鉴纲目》《大清会典》《续文献通考》等文献的纂修官。齐氏晚年参考相关古籍、方志及康熙朝末期绘制的《皇舆全览图》，历时十载，于乾隆二十六年（1761）完成《水道提纲》二十八卷。另有《历代帝王年表》《后汉公卿表》《宝纶堂集》等传世。此书原为《水道提纲》之一卷，清王锡祺刊入小方壶斋舆地丛钞本第十帙。

5.《外史论要》一册，（清）郑传笈撰

郑传笈，字云仲，别号四明逸客，宁波府镇海县人。郑氏乃宁波望族，据光绪《郑传笈朱卷记》："郑氏始祖靖侯，宋南渡迁居灵绪乡择山之阳塘路沿……传六世之后，分居十七房……"《郑氏宗谱》载："郑氏巾卷不绝，代有闻人。"至今郑家村仍保留有颇具规模的建筑、石碑、牌匾等见证了郑氏的繁盛家族史。

郑传笈父亲郑权乃同治四年（1865）举人。郑传笈自幼即在这种书香世家环境中生长，光绪十四年（1888）中举，历任文州泰顺县学教谕、福建补用知县、办理崇安县税务督署文案、永嘉泰顺书院掌教等职，传笈兼修医学，曾任教于上海中医专门学校，有《经世曝言》《学堂刍议》《古今医学证治粹言》《名医年寿考》及《含英轩文集》等著作传世。王绍曾主编的《清史稿艺文志拾遗》史部史评类著录有郑氏著作，"《中史辩论》一卷，郑传笈撰，含英轩实务各书本，丛综补"。

《外史论要》当为《含英轩文集》之一种，是书乃郑氏自己关于俄、英、法、德、美、日等域外六国史论的汇编，包括诸国历史沿革、海军规模、国际公法等方面，着重论述了此六国革新求变，由弱变强的过程及经验得失，卷末有《中国矿积方里表序》《中国兵战、商战、艺战师泰西论》《江海防论》，目的在于为晚清中国的变法图强提供镜鉴。郑氏虽官阶不高，但不敢忘忧国，习儒业、习医学、行教育，关注当时的世界局势变化，尤其是涉及海防海战策略，实属难得。版本有清光绪三十年（1904）竞化书局铅印本，一函一册。

6.《暹罗考略》一卷，（清）龚柴撰

龚柴，号古愚、虚白先生，浙江宁波人，生卒不详，天主教徒，曾任司铎（天主教神父），曾主政《益闻录》，精于舆地之学，晚清著名地理学家，在《益闻录》发表大量地理学作品，涉及中外多国，为王锡祺的《小方壶斋舆地丛钞》全文收录的有 48 篇之多，有《五洲图考》《地舆图考》等舆地著作传世。

暹罗为泰国古称。是编二千一百余字，篇幅不长，从地理方位、疆域、明清时期来华朝贡情形、职官制度、风土、物产等方面对当时的暹罗进行简要介绍，对其奇异的丧葬习俗所记犹详。见《小方壶斋舆地丛钞》第十帙。光绪间上海著易堂铅印本《小方壶斋舆地丛钞》，每半页十八行，行四十字，四周双边，有界栏，上单鱼尾，白口，版心上镌丛书名、中镌书名及页码，下镌“南清河王氏铸版上海著易堂刊行”。清陈龙昌《中西兵略指掌》卷二十三军防五亦收录该文。

7.《朝鲜考略》一卷，（清）龚柴撰

作者参见《暹罗考略》条。

是编一千八百余字，从历史沿革、地理环境、与中国的渊源、对外贸易、政治结构、疆域区划、山川河流、物产、风俗等方面对当时的朝鲜进行简要介绍。见《小方壶斋舆地丛钞》第十帙。光绪间上海著易堂铅印本《小方壶斋舆地丛钞》，每半页十八行，行四十字，四周双边，有界栏，上单鱼尾，白口，版心上镌丛书名、中镌书名及页码，下镌“南清河王氏铸版上海著易堂刊行”。

8.《越南考略》一卷，（清）龚柴撰

作者参见《暹罗考略》条。

是编一千五百余字，从地理环境、历史演变、与中国交往历史、疆域区划、山川河流、物产、风俗等方面对当时的越南进行简要介绍。见《小方壶斋舆地丛钞》第十帙。光绪间上海著易堂铅印本《小方壶斋舆地丛钞》，每半页十八行，行四十字，四周双边，有界栏，上单鱼尾，白口，版心上镌丛书名、中镌书名及页码，下镌“南清河王氏铸版上海著易堂刊行”。清陈龙昌《中西兵略指掌》卷二十三军防五亦收录该文。

9.《日本考略》一卷，（清）龚柴撰

作者参见《暹罗考略》条。

是篇约二千一百余字，从日本名称演变、地理环境、疆域、与中国的交往历史、明朝万历间丰臣秀吉对朝鲜的侵略、清朝同治间日本对中国台湾的侵扰、行政区域、历史演变、改革维新、物产、风俗等方面进行了简要介绍。其中对于中日关系有言“同治十三年（1874）台湾之役几肇衅端，幸和议旋成，仍已玉帛相见，乃盟约未久而光绪五年（1879）复有夷灭琉球一事，至今大局未臻妥善。谅两国素辑邦交定必仍敦和好也”[①]。此等见识，显然过于乐观了。见《小方壶斋舆地丛钞》第十帙。光绪间上海著易堂铅印本《小方壶斋舆地丛钞》，每半页十八行，行四十字，四周双边，有界栏，上单鱼尾，白口，版心上镌丛书名、中镌书名及页码，下镌“南清河王氏铸版上海著易堂刊行”。

10.《海上纪事》一卷，（清）郁永河撰

郁永河，字沧浪，浙江仁和（今杭州）人，诸生，生平经历已不可详考。

此书为郁氏《采硫日记》附录之一，记述琉球、日本、荷兰及西洋诸国的地理环境、人种、宗教、民俗等，并论及中国在地球上的地理位置、与亚洲各国的海上航线等内容。版本有舟车所至本，申报馆丛书本，小方壶斋舆地丛钞本。

① 清光绪十七年（1891）上海著易堂铅印本《小方壶斋舆地丛钞》第十帙第262页。

第二节 国内海洋史地认知文献

浙江人对于中国沿海史地的文献几乎代不乏书。东汉会稽（今浙江绍兴）人袁康、吴平辑《越绝书》十五卷，有“地方志鼻祖”之誉，其中《越绝外传记吴地传第三》和《越绝外传记吴地传第十》论及当时吴越沿海地区政治、经济、文化、天文、地理、军事、语言等多方面内容，还有关于越国勾践灭吴后，从海上迁徙山东琅琊的记载。

三国时期吴国末年沈莹著有《临海水土异物志》一卷，堪称我国古代东南沿海的小百科全书，包括民族史和物产两部分。民族史部分载有夷洲之民、安家之民、毛民等台湾古代的宗族社会、独特的衣着、饮食、丧葬习俗等的资料，这是世界上关于台湾的最早记载；物产部分记载浙江东南沿海的物产，包括海产鳞介、禽鸟、竹木、果藤等丰富的动植物资料，为研究台湾的发展历史、当时两岸人民的交流及东南沿海地区的民风民俗、海洋生物等提供了重要史料。

元代金华人吴莱有《南海山水人物古迹记》一卷，以番禺为坐标，介绍了番禺、秦县、南海、增城、汉县、新会、清远、隋县、东莞、唐县、秀山、宋县等县风物，并广泛征引文献佐证。吴氏另有《游甬东山水古迹记》一卷，记述吴氏于元泰定元年六月自庆元（今浙江宁波）泛舟游甬东、普陀山的经过，略记了一行见闻，包括地理方位、海防设施、海国风光、海洋物产、历史典故等多个方面，反映了元代浙东昌国州（今舟山）的海洋舆地概况。

明清时期有关国内海洋史地认知文献，大量涌现。

1.《清初海疆图说》不分卷，（清）不著撰人

是书撰者不详，约成书于雍正初年，旧题《台湾图说》。首列论三篇，《天下舆地总论》《天下海疆总论》《七省海疆总论》；次列图说，《京师二东海图说》《江南海图说》《浙江海图说》《福建海图说》《粤东海图说》《台湾图说》《澎湖图说》，所作各图，颇为简明；书末附录俞正燮《台湾府属渡口考》一则，1987 年台湾大通书局《台湾文献史料丛刊》收录。

2.《采硫日记》三卷，（清）郁永河撰

作者参见《海上纪事》条。

是编自序云“（郁氏）性耽远游，不避阻险”，康熙年间入闽，遍历闽中山水，时台湾已经收复，“乃未得一览其概，以为未慊。”“探奇揽胜者，毋畏恶趋避，游不险不奇，趣不恶不快。”康熙三十五年（1696）冬，“榕城（今福州）药库灾毁，硝黄火药五十余万无纤遗，有旨责偿典守者，而台湾之鸡笼、淡水，实产石硫黄，将往采之。余欣然应曰，吾事济矣。”[①] 可以说，郁氏此次赴台既是公差又合己愿，乐成其行。康熙三十六年（1697）二月至十月奉命赴台湾采办硫黄矿，从厦门启程，经由金门、澎湖列岛到台湾平安城，再沿台湾西海岸北上至淡水，前后历时九个月，返回福州后，撰日记体游记著作《采硫日记》。

《采硫日记》又名《裨海纪游》，另有删节异名本《裨海纪游略》、《渡海舆记》，是记述清初台湾的重要地学著作，起自康熙三十六年正月二十四日，止于十月十二日，正文上中下三卷，并附《郑氏逸事》《番境补遗》《海上纪略》《宇内形势》各一卷，不仅仅记述采硫过程，还对台湾的山川景物、自然地理、水文气象、历史变迁、夷险扼塞、土著风俗民情等多个方面进行了翔实而生动的描绘。关于台湾硫矿产地、矿点的具体情况、熬炼工艺和产量等均有详细记述，具有较高的科学研究价值。对于风俗方面的记载亦颇为详细，如有别于汉族的土番婚俗，“婚姻无媒灼，女已长，父母使居别室中。少年求偶者皆来吹鼻箫弹口琴，得女子和之即入与乱，乱毕自去。久之，女择所爱者乃挽手，挽手者以明私许之意也。明日，女告其父母，召挽手少年至，凿上腭门牙旁二齿受女，女亦凿二齿付男，期某日就妇室婚，终身依妇以处。盖皆以门楣绍瓜瓞，父母不得有其子，故一再世，而孙且不识其祖矣，番人皆无姓氏有以也。”是书还论及台湾土著居民的体貌、语言、饮食、居室、赋徭、经济、土官、文教、文身等情况。附录中《郑氏逸事》记述郑成功收复台湾之事；《海上纪略》记述琉球、日本、荷兰、西洋诸国的地理环境、人种、民俗、宗教，对中国的地理位置、与亚洲各国的海上航线等内容也有论及。李铭慈《越缦堂读书记》云：“此其赴台湾鸡笼、淡水采硫黄按日所记，叙次不免芜陋，间附绝句，亦俚拙。

① 《自序》,《采硫日记》，光绪十七年上海著易堂铅印本《小方壶斋舆地丛钞》。

然言澎湖岛屿、台湾形胜、海道曲折、民俗利害，俱颇详悉。”是书为继明代陈第《东番记》之后全面记述台湾地区社会图景的重要著作，是为郁氏亲自考察之第一手资料，可信度极高，后世修纂台湾方志多有采用，其多方面的历史文献价值不容忽视。

《采硫日记》成书应在康熙三十七年（1698）之后，当以抄本形式流传多年，直到雍正十年（1732）始见周于仁刻印的删节异名本《渡海舆记》刊本。在郁氏看来台湾海峡仅为裨海，即小海，故该书又称作《裨海纪游》。咸丰间纳入《粤雅堂丛书》，有伍崇曜跋“是书见吴中吴翊凰伊仲秘籍丛函抄本，不著撰人名氏”。清丁仁《八千卷楼书目》卷八史部：“《采硫日记》三卷，国朝郁永河撰，粤雅堂本。”清刘锦藻《清续文献通考》卷二百六十七经籍考十一：“《采硫日记》三卷，郁永河撰。永河字沧浪，浙江钱塘人。”《丛书集成初编》本即根据《粤雅堂丛书》三卷本影印。另有昭代丛书本、申报馆丛书本、小方壶斋舆地丛钞本，题为《裨海纪游》一卷；舟车所至本《采硫日记》一卷。1959 年台湾地区学者方豪根据《屑玉丛谭》本参酌其他各本重新校定，列入《台湾文献丛刊》。

3.《番境补遗》一卷，（清）郁永河撰

作者参见《海上纪事》条。

此书为《采硫日记》附录之一。全文共十三条，近两千字，记“番人”与“物产”，人为“水沙廉番”与“斗尾龙岸番”“物产”，为硫、银、熊、蛇、山猪、鹿、乌木紫檀花梨铁栗诸木等。郁氏考察时间有限，不能一一深入了解，仅仅记录了自己所知部分，传闻不记，所录资料均真实可信。版本有舟车所至本，申报馆丛书本，小方壶斋舆地丛钞本。

4.《水道提纲》二十八卷，（清）齐召南撰

作者参见《朝鲜诸水编》条。

是编是一部以水为主题的志书，被誉为“清代《水经》”，体例参考《禹贡》《水经》，以巨川为纲，以所会众流为目，故名提纲。“取其质，不取其文。”“取其实，不取其虚。”四库全书本各卷内容为：海、盛京诸水、京畿诸水、运河及山东诸水、黄河及青海、甘肃不入河诸水、入河巨

川、淮河及入淮巨川、南运河、长江、入江巨川、江南运河及太湖入海港浦、浙江、浙东入海诸水、闽江及西南至广东潮州府水、粤江（珠江流域）及西南至合浦入海诸水、云南诸水、西藏诸水、漠北阿尔泰山以南诸水、黑龙江、入黑龙江巨川、海自黑龙江口以南诸水及朝鲜国诸水、塞北各蒙古诸水、西域诸水。每卷首有小序，概论大势和编记次第，依水系叙述，脉络清晰，详细描绘了当时中国全国的河流水道网络，且该书采用了经纬度来定位河流位置。

尤为值得注意的是该书首列海水卷，自东北鄂霍次克海往南，渤海、东海直到南海，沿海海域及港口形势，第一次把中国十八世纪的海岸线相对准确地勾画了出来，对于沿海岛屿及海南岛等亦多有涉及，如库页岛，“大长岛为黑龙江口海中大护沙，南北袤邪，长一千六百余里，东西最阔，三四百里或一二百里。”是编专叙水道源流分合，源委详明，内容可靠，科学价值较高，是研究古代中国水文地理的重要文献，在政治、军事、经济等方面也颇有研究价值。

清永瑢《四库全书总目》卷六十九史部二十五：“《水道提纲》二十八卷（浙江巡抚采进本），国朝齐召南撰。召南字次风，号息园，台州人，乾隆丙辰召试博学鸿词，授翰林院编修，官至礼部侍郎。历代史书各志地理，而水道则自《水经》以外无专书。郭璞所注，久佚不传。郦道元所注，详于北而略于南。且距今千载，陵谷改移，即所述北方诸水，亦多非其旧。国初馀姚黄宗羲作《今水经》一卷，篇幅寥寥，粗具梗概。且塞外诸水颇有舛讹，不足以资考证。召南官翰林时，预修《大清一统志》，外藩蒙古诸部，是所分校。故于西北地形，多能考验。且天下舆图备于书局，又得以博考旁稽。乃参以耳目见闻，互相钩校，以成是编。首以海，次为盛京至京东诸水，次为直沽所汇诸水，次为北运河，次为河及入河诸水，次为淮及入淮诸水，次为江及入江诸水，次为江南运河及太湖入海港浦，次为浙江、闽江、粤江，次云南诸水，次为西藏诸水，次漠北阿尔泰以南水及黑龙江、松花诸江，次东北海朝鲜诸水，次塞北漠南诸水，而终以西域诸水。大抵通津所注，往往袤延数千里，不可限以疆域。召南所叙，不以郡邑为分，惟以巨川为纲，而以所会众流为目，故曰“提纲”。其源流分合，方隅曲折，则统以今日水道为主，不屑屑附会于古义，而沿革同异，亦即互见于其间。其自序讥古来记地理者志在《艺文》，情侈观览。或于神仙荒怪，遥续《山海》；或于洞天梵宇，揄扬仙佛；或于游踪偶及，逞异炫奇。形容文饰，只以供词赋之用。故所叙录，颇为详核，与《水经注》之模山范水，其命意固殊矣。然非召南生逢圣代，当敷天砥属之时，亦不能于数万里外闻古人之所未闻，言之如指诸掌也。”

清官修《清文献通考》卷二百二十三经籍考：“《水道提纲》二十八卷，齐召南撰。召南字次风，台州人，乾隆丙辰召试博学鸿词，授翰林院编修，官至礼部侍郎。”清官修《清通志》卷一百艺文略：“《水道提纲》二十八卷，齐召南撰。”清李有棠《辽史纪事本末》卷末：“《水道提纲》，齐召南。”清汪士铎《汪梅村先生集》卷九：“《水道提纲》。”清张之洞《书目答问》史部：“《水道提纲》二十八卷，齐召南，原刻本。”清丁仁《八千卷楼书目》卷八史部：“《水道提纲》二十八卷，国朝齐召南撰，刊本，霞城精舍刊本，活字板本。”清卢文弨《抱经堂文集》卷第九有《水道提纲跋》。清钱林《文献征存录》卷五：“（齐氏）作《水道提纲》二十八卷，世甚重之”。民国赵尔巽《清史稿》志一百二十八艺文二：“《水道提纲》二十八卷，齐召南撰。”

是编成书于乾隆二十六年（1761），初无刊本，仅以抄本流传。乾隆三十七年乾隆帝搜访遗书，齐氏子进呈，收入《四库全书》。后有齐氏门人浦江戴殿海校订，乾隆四十一年杭州传经书屋初刊本，卷末附《水道提纲天度刊误》。另有光绪四年（1878）刊本、光绪间台州培元局重刊本、《小方壶斋舆地丛钞》本。清光绪二十四年刻本，半页十一行，行二十三字，小字双行，黑口，左右双边，卷前有乾隆二十六年齐召南自序，四十一年阮学濬、王杰题序，卷末有戴殿海题跋。章太炎批本为光绪二十四年新化三味书室校刊本，批语四则，对是书略有补苴。另有清霞城精舍刊本活字板本，民国间有1941年上海文瑞楼校印本。

5.《海道编》一卷，（清）齐召南撰

作者参见《朝鲜诸水编》条。

此书原为《水道提纲》之一卷，清王锡祺刊入小方壶斋舆地丛钞本第九帙。

6.《东北海诸水编》一卷，（清）齐召南撰

作者参见《朝鲜诸水编》条。

此书原为《水道提纲》之一卷，清王锡祺刊入小方壶斋舆地丛钞本第四帙。

7.《瀛壖百咏》一卷，（清）张湄撰

张湄，字鹭洲，号南漪、柳渔，钱塘（今浙江杭州）人，清代诗人，具体生卒不详，雍正十一年（1733）进士，历任台湾御史兼理学政、巡漕御史、云南御史、兵科给事中等，为官有政声，有《柳渔诗钞》十二卷传世。

张氏颇有诗名，典雅庄重，为当时推崇，《四库全书总目》载《柳渔诗钞提要》：“湄与金志章、厉鹗等以诗相镞厉，故集中与诸人唱和为多。”《瀛壖百咏》乃张氏巡视与台湾期间吟咏风物绝句百首。乾隆六年（1741）至乾隆八年担任台湾御史兼理学政期间，重文教，兴举业，公务之余，每有所得。其《瀛壖百咏序》曰：“余奉使持节是邦，自厦抵台，自郡治迄南、北二路，即志乘所载，合之巡历所经，凡岁时、习俗、山川、草木、禽鱼之类，苟有可纪，辄赋四句，投之奚囊，经岁累百篇，同人怂恿付梓。顾惟舦次社寮率意漫与，既无故实可征，亦不得以文言窜易；徒拾蛮语，曷足称诗？乃复屑屑加之诂释，岂好为无盐增陋哉！诚欲使览者一手卷而如身履其地，庶几后之于役君子，或等余为识途之马未可知也！”[①] 诗文内容涉及历史、掌故、物产、气候等，描写了清代前中期台湾的历史风貌。台湾道刘良璧《瀛壖百咏跋》：“今观者如阅《山海经》，如读《水经注》，光焰陆离，千态万状，皆于斯集现之。夫以公之淹贯经术，通达治体，不日返虎观、抵龙门，召伯卷阿之音、吉甫清风之颂，将珥笔以鸣国家之盛，故大有在也；斯集特其绪余尔。顾海外山川景物借公诗而益著；则《瀛壖》一编即为坡老海外之文也可。”[②]

连横《台湾通史　》著录“《瀛壖百咏》一卷，钱唐张湄撰。”1987年台湾大通书局出版孔昭明主编《台湾文献史料丛刊（第8辑）》之《使署闲情》收录《瀛壖百咏序》。版本有乾隆七年（1742）刻本，未见。

8.《浙东纪游草》一卷，（清）沈锡爵撰

沈锡爵（1746—1821），字思美，号愚溪老人，江苏吴江人，性豁达，好读书，不事举业，多义行，乐善好施，于农田、水利、刑名、法律多有

① 《瀛壖百咏序》，《瀛壖百咏》，乾隆七年刻本。
② 《瀛壖百咏跋》，《瀛壖百咏》，乾隆七年刻本。

研究，又喜稗官野乘，好山水，游则有诗。是卷即为沈氏游宁波、上虞等地所作诗歌十七首，反映了浙东沿海的自然风光和风土民情。版本有清道光二年（1822）柳芳树编中胜溪草堂刊《养余斋全集》本，半页十行，行二十一字，粗黑口，左右双边。清冯桂芬《(同治）苏州府志》卷一百三十八著录"沈锡爵，《浙东游草》一卷"。国家图书馆藏一册，书中有姚慰祖、柳树芳、迮鹤寿、何其伟题字，另有嘉庆二十四年迮鹤寿跋，子婿柳树芳撰行略。

9.《浙江全省舆图并水陆道里记》不分卷，（清）宗源翰编

宗源翰（1834—1897），字湘文，江苏上元（今南京）人，颇有才干。《清史稿》列传二百三十九《宗源翰传》："(宗氏）少佐幕，荐保至知府。光绪初官浙江，历署衢州、湖州、嘉兴府事，敏于吏事，判牍辄千言。"光绪二十年（1894）授浙江温处兵备道，中法战争时，曾严备海防。"法国兵船犯浙洋，源瀚从宁绍台道薛福成筹海防，多所赞画，数有功。晋道员，署杭嘉湖道。二十年，日本构兵，调温处道，沿海戒严，处以镇静，清内匪，捕诛盗渠十余人，疆圉晏然。又三年，卒于官。源瀚优文学，尤精舆地，所绘浙江舆图世称之。"[①] 宗氏喜收藏，工诗文，为晚清文学家，有《颐情馆集》《闻过集》《右文掌录》传世。

《浙江全省舆图并水陆道里记》不分卷，缘起于光绪间《大清会典舆图》的编制。光绪十六年，成立浙江全省舆图总局，宗源翰任主编，会同黄炳堂、胡文渊等人负责绘图事宜，制定《浙江测绘舆图章程》，延揽人才，在各个府县设置机构，采用"计里画方"的方法，开展测绘。全面考察，悉心考订各地山川、河流、城邑、道路，至光绪十九年测绘完成。全图包括浙江省总图 1 幅、各府总图 11 幅、厅州县舆图 78 幅。省府图各有图说、方舆记，县图有沿革和道里记。该图以水路和陆路交通为中心，精细详谵，有地图 349 幅、道里记 18900 余条，集浙江全省水陆交通之大成。光绪二十年浙江舆图总局交由浙江书局石印出版，精刊精校，堪称佳品。1915 年修订版由武林印书馆石印出版，除了行政区划稍有变化外，内容与前版几乎没有区别。该图不是专门的海图，但其对浙江东部沿海区域，舟山群岛等绘制详细。该图是近代地图测绘的转型之作，对于舆图学研究具有

① 赵尔巽著：《清史稿》，北京：大众文艺出版社，1999 年，第 3520-3521 页。

重要价值。

清丁仁《八千卷楼书目》卷八史部："《浙江全省舆图并水陆道里记》不分卷，国朝宗源瀚撰，石印本"。清刘锦藻《清续文献通考》卷二百六十六经籍考十："《浙江全省舆图并水陆道里记》不分卷，宗源瀚等撰。源瀚见上政书类仪制。"版本有光绪二十年浙江书局石印本，1915 年武林印书馆石印本。

10.《江浙外洋山岛说》一卷，（清）李凤苞撰

李凤苞（1834—1887），字海客，号丹崖，江苏崇明（今上海市崇明区）城桥镇人，晚清外交家。《清史稿》列传二百三十三有传。李氏通晓天文历算，长于地理测绘，兼及音韵、金石、诗文、绘画等，深得丁日昌、曾国藩、李鸿章赏识。李氏受命办理江南制造局、吴淞炮台工程局，重视学习西方科学知识，主持翻译西文科技书籍。光绪三年（1877），李氏率福州船政局的学生前往英、法学习航海技术。次年，由李鸿章保荐任驻德国公使，后又兼任驻奥、意、荷三国公使。光绪十年暂署驻法公使。中法战争爆发后回国，协助李鸿章任北洋营务处总办，兼管水师学堂。后因受贿案免职，回乡专心著述、翻译，有《广韵考正》《西国政闻汇编》《历代四裔编年表》《海战新义》《自怡轩算书》《文藻斋诗文集》等著作存世。《江浙外洋山岛说》一卷，专记江苏、浙江外洋山岛地理情形。清丁仁《八千卷楼书目》卷八史部："《江浙外洋山岛说》一卷，国朝李凤苞撰，抄本、刊本。"版本有清抄本、清刊本。

11.《(光绪）定海厅志》三十卷首一卷，（清）史致驯、黄以周等纂

史致驯，江苏阳湖人，时任定海厅知事,生平不详。黄以周（1828—1899），定海紫微乡人，黄式三子，晚清礼学名家，初名以同，字经纂，后改以周，字符同，号儆季，又号哉生，同治九年（1870）举人，光绪十四年（1888）赐内阁中书衔，历任遂昌、海盐、于潜等地县学训导，后掌教南菁书院十五年，以"传经明道"为已任，清季江南学者多出其门下，有《礼书通故》一百卷、《子思子辑解》七卷、《儆季杂著》等著作传世。

光绪《定海厅志》史致驯等修，陈重威、黄以周、黄以恭等纂，自光

绪三年始修，记事至光绪八年，光绪九年完成，历时六年，参考南宋《宝庆四明志·昌国》《（康熙）定海县志》等方志，旁及各类典籍，补漏正误，包括北极出地图、舆地全境图和舆地庄图、营建图四图，天文、建置、职官、选举四表，名宦、人物、列女、寓贤、仙释五传，疆域、风俗、田赋盐课、学校、军政、祀典、艺文、物产、禨祥、杂志古迹、祠庙、大事志十二志，及旧志、遗文二略。其中卷十九军政上详述了南宋初至清代的水师官兵建制、营战哨船、城守营兵额、俸饷、布防及团练民社等；卷二十军政下专门论述舟山海防，包括南宋以来的海防沿革、海防会哨、海防集议，参引了《宝庆志》《开庆志》《两浙海防类考》《观海指掌图》胡宗宪《舟山议》《筹海图编》顾祖禹《方舆纪要》谢泰交《固守舟山要害图说》缪燧《沿海弭盗末议》等 10 余种文献，论及明代嘉靖间御倭、清道光间鸦片战争及沿海治安。是书为历代定海志书中，体例最完备，内容最丰赡者，图文互见，广征博引，征实可信，真实记录了海上舟山的政治、经济、军事、文教等各个领域的历史及当时的发展状况，为海洋文化的研究提供了宝贵的史料。

清丁仁《八千卷楼书目》卷七史部："《光绪定海厅志》三十卷，国朝陈重威、黄以恭、黄以周撰，刊本。"《续修四库全书提要》云"是编义法严正，考据详确，足以综括前志"。

版本有光绪十年初刊本、光绪二十八年补刊本、1914 年铅印本。光绪十年初刊《定海厅志》三十卷首一卷，十六册，半页十一行，行大字二十二字，小字双行，行二十一字，字宋体，左右双边，单鱼尾，白口，版心镌卷数、页码及卷目，扉页有牌记篆书"光绪十年岁次甲申夏五新刊"，署"御书楼藏板"。前有时任工部侍郎浙江省督学使者太和张沄卿撰《重修定海厅志序》，另有秦缃业序、史致驯序、陈恩受序、黄树藩序。1993 年上海书店据光绪十年（1884）黄树藩刻本影印本。2011 年柳和勇和詹亚园校点由上海古籍出版社出版《定海厅志》问世。据《中国古籍总目》载清光绪十一年黄树藩刻本，国家图书馆、北大图书馆、上海图书馆、天津图书馆、辽宁图书馆、南京图书馆、浙江图书馆、湖北图书馆藏；清光绪十一年树藩刻二十八年补刻本，国家图书馆，上海图书馆，复旦大学图书馆，浙江图书馆藏；清光绪十一年树藩刻二十八年补刻本民国三年印本，中科院图书馆藏。

12.《(康熙)定海县志》八卷，(清)缪燧重修

清周圣化原修，缪燧重修，钱廷桢、裘琏、陈琯纂。周圣化，祥符（今开封）人，康熙二十九年（1690）任定海知县。缪燧，字雯曜，号荣浦，江苏江阴县人，定海县令。廷桢，定海人，县学教谕。裘琏，字段玉，号鱼山，慈溪人，进士，著有《普陀山志》等。

是志于康熙三十三年创稿，未数月，圣化升任泰州知州而中辍，继任知县缪燧重修，历时十九年始成。康熙五十四年付梓。记事止于五十二年。志前有缪燧和施世骠等人序跋。《中国地方志联合目录》未著录周圣化、钱廷桢、裘琏等，现据实补。正文分三十四门八十九目，约二十五万字。志以《(天启)舟山志》为蓝本，体例较前志更为完备。颇重山川形胜，各庄和打岛不但有分图，而且附有图说，介绍各庄、各岛之概况。并将舟山本岛大山百八十座之名目与概况一一列录，又收内外详悬海岛屿百三十余座，列岭、岙、港、门、礁、湖等十八目数十条。同置营汛环海图三幅，标列自治而南舟山诸岛海中位置。记述条例清晰，给后世研究舟山海域地名者以取材稽考之方便。艺文门占了全志约六分之一的篇幅，收录自晋以来的有关舟山的游记、名人书画、序跋、笔记及诗词二百余篇（首），其中有关渔业、农业、教育发展的记述，颇有价值，可补是志诸门记述之缺。海防军制在志中也占了相当重要的地位。军制门将水师巡洋的时间、水程、人数及所达岛屿一一做了详尽的记载，对了解清朝海疆防御，较有帮助。星野门中记述日月星辰对地球气候的影响，“以察灾祥”，虽有臆想不实之处，仍说明了当时人们已开始重视对天文学与气象学的广泛研究这一史实，不失为一份宝贵资料。田赋门记载了舟山建海关设红毛馆以接待夷船的情况，是研究舟山对外开封的重要史料。南明鲁王政权在舟山的反清斗争，在遗事门中也被歌颂和赞许。①

清丁仁《八千卷楼书目》卷六史部：“《康熙定海县志》八卷，国朝缪燧撰，刊本。”版本有康熙五十四年（1715）刻本。

13.《(道光)昌国典咏》十卷，(清)朱绪曾纂

朱绪曾（约1796—1866），字述之，江苏上元（今南京）人，道光二年

① 参考徐静波：《舟山历代方志汇考》，《<舟山市志>编修始末》，杭州：浙江人民出版社，1994年，第185-186页。

（1822）举人，历任湖州孝丰县知县、台州同知、候补知府。道光二十一年英军再次进犯定海，朱氏曾调赴浙省巡抚部院衙门、抚标军营，参预谋划定海军事，协理粮台，授司文案“诚信质直，足以倚任。劳不避险，才胆以博。羽檄飞驰，不废吟啸”。后又参与收复定海事宜。朱氏还是一位藏书家，目录学家，著有《续宋文鉴》《金陵旧闻》《金陵诗汇》《笔普》《曹子建集考异》《昌国典咏》《北山集》《读书志》等。

道光二十六年夏奉檄办理英军撤离定海之善后事宜，得博采宋元以来舟山地方志乘，于道光二十八年撰成《昌国典咏》，咸丰五年（1855）付梓。清徐时栋《烟屿楼读书志》卷十四论及此事。是志共十卷，不分门，列目二百又三，约十五万字，编纂有特色，标举本邑山川、塘、岙及书院、社仓、盐场、泉井、祠墓等为纲，每纲辑录历代文献有关记载，附编著者观点，并系以七言绝句一首，少则数百言，多至数千言，正此讹谬，补其阙疑，博洽精核，史论结合，具有较高的学术价值和文学价值，堪称名著。翁山县目中有关“翁山”名称来历的辨考，弄清了唐时县名来历的真实原因和废翁山县的确切年月，对了解舟山行政建制的变迁提供了可靠的资料。观山目中则记述了道光二十二年被舟山和宁波军民击毙的英军的坟墓概况，是研究鸦片战争史的宝贵材料。大箬山、册子山等目所附记的南宋皇帝避居于此之传说，对于研究南宋史也不无益处。明朝中叶舟山的抗倭斗争在我国抗倭史上占有重要一页，是志写河悬山、金塘山等目所载各种文献资料，较为全面反映了明中叶舟山抗倭斗争的概貌。大洋山目所引宋朝文献则反映了沿海七郡百万渔船汇集此地捕捞作业的盛况，为研究舟山渔场的发展演变，提供了宝贵的资料。磐陀石目中有关明参将何汝宾题“灵石”两字的记载，则纠正了后人所注为孙中山所书的谬误。

为编纂该书朱氏实地勘察，走访缙绅耆，参考历代地方志，是书成书于道光二十八年（1848），征引各种文献典籍三十余种，资料翔实而全面，尤其对编纂岛礁志、地名志具有很高的参考价值。①

版本有咸丰五年（1855）刻本、民国间刊《四明丛书》本。2006 年扬州广陵书社《四明丛书》影印收录是志。

① 参考徐静波：《舟山历代方志汇考》，《<舟山市志>编修始末》，杭州：浙江人民出版社，1994 年，第 187-188 页。

14.《（光绪）定海乡土教科书》十二章，（清）王亨彦纂

王亨彦，浙江定海马岙人，岁贡生，曾任定海县教谕，曾在家设私塾，生卒不详，著有《定海乡土教科书》《普陀洛迦新志》等。是书编于清光绪三十二年（1906），次年二月付梓。记事止于三十二年。是书分为上、下两册，前有自序，正文分二十章六十二目，约两万字。其内容最重山川形势，所占篇幅为全志三分之一。介绍五十四座岛屿的概貌，汰旧志所载，益近事所图，语言精而有要，令人过目即知。历史章所述自夏至清历史沿革甚详，对系统了解舟山历史发展脉络有益。形势目对舟山岛名的来历作了形象的解释，为旧志所未有。安港目中列举舟山群岛内诸渔港锚地四季避风方向，对搞好渔业生产颇有参考价值。气候目中对舟山群岛春夏秋冬之气候特征和灾害性气候形成的原因，从地理学、气象学的角度进行了科学的分析。矿产目载舟山花岗岩、银、锡的生产状况，是研究舟山矿产资源开发利用的重要依据。《定海全境》所标舟山诸岛之位置，虽不很精确，但舟山群岛集于一图，唯是书为始。是书名为教科书有认识家乡、普及地理知识的功用，这一现象的出现对于晚清教育研究颇有别样意味。版本有光绪三十三（1907）上海鸿文书局铅印本，浙江大学图书馆藏；清光绪三十三年石印本，浙江图书馆藏。

15.《舟山考》一卷，（清）佚名撰

是书未知著者，概述舟山沿革、地理、风土等，版本有光绪二十七年（1901）上海著易堂排印《小方壶斋舆地丛钞三补编》本。

16.《中国海岛考略》一卷，（清）龚柴撰

作者参见《暹罗考略》条。

是编一千四百余字，所述甚广，福建之厦门、澎湖、台湾，广东之海南、澳门、三洲、香港，浙江之舟山，江苏之崇明，琉球诸岛，论及地理方位、历史沿革等方面，对琉球诸岛上中山、山南、山北等国与中国的交往历史所记较详。见《小方壶斋舆地丛钞》第九帙。《丛钞》三编三十六帙，共收书一千三百四十八种，由清王锡祺于光绪十七年（1891）编纂刊行，堪称清代舆地丛书之最。其中节录《地舆图考》的龚氏作品四十八篇，其中多篇为涉海类地理学著作。

17.《台湾小志》一卷，（清）龚柴撰

作者参见《暹罗考略》条。

是编仅三千余字，从台湾名称来历、地理环境、物产、风俗、行政机构、郑成功收复台湾、清初统一台湾、清朝对台湾的经营等方面进行简要介绍，对台湾的内外兵事所记颇详，在台湾史研究中具有独特价值。见《小方壶斋舆地丛钞》第九帙。《台湾文献丛刊》第二百六十一种《台湾舆地汇钞》据《小方壶斋舆地丛钞》本点校收录全文。2004 年陈支平主编九州出版社与厦门大学出版社出版的《台湾文献汇刊》第五辑第三册收录《台湾小志》全文。光绪间上海著易堂铅印本《小方壶斋舆地丛钞》，每半页十八行，行四十字，四周双边，有界栏，上单鱼尾，白口，版心上镌丛书名、中镌书名及页码，下镌“南清河王氏铸版上海著易堂刊行”。

18.《八省沿海全图》七十九幅，（清）佚名纂

《八省沿海全图》是晚清洋务运动期间在英版航海图基础上修定、补充而成的，也是我国最早的大型实测航海图集，作者不详。

全图共七十九幅。八省沿海全图（自奉天至广东）一幅；直隶五幅：直隶沿海总图（自大口河至宁海城）、直隶河（第一张自大沽至葛沽海河）、直隶河（第二张自葛沽至天津海河）、直隶河（第三张自天津至通州北运河）、直隶河（第四张自通州至京通惠河）；奉天六幅：奉天直隶山东沿海总图、海洋岛、辽河进口、大连湾进口、亚当司湾、直隶水道（旅顺口对登州群岛）；山东五幅：烟台进口、龙门港进口、威海卫进口、胶州湾进口、旅顺进口庙岛港分图；江苏三幅：江苏沿海总图（进长江口至南京并进吴淞口至上海）、黄浦江（进吴淞口）、黄浦江（上海城市图）；长江七幅：长江图（第一张从杭州海进长江口并进吴淞口至上海）、长江图（第二张自长江口至江南并由长江口至上海）、长江图（第三张自江南至东流）、长江图（第四张自东流至汉口）、长江图（第五张自汉口至岳州附近鄱阳湖至江西）、长江图（第六张自岳州至夔州）、长江分图（宜昌沙市）；浙江十二幅：浙江沿海总图（第一张自黑山列岛至扬子江口）、浙江沿海总图（第二张自温州湾至黑山列岛）、石浦进口（三门湾并宁海进口）、象山进口水道、舟山南群岛水道、舟山北群岛水道、舟山定海进口、金塘水道（宁波进口）、

甬江（由镇海进口至宁波）、舟山北澳、马鞍列岛、乍浦进口；福建十二幅：福建沿海总图（第一张自北岐山至白茭角）、福建沿海总图（第二张自白茭角至小岞屿）、福建沿海总图（第三张自小岞屿至诏安湾）、南头澳（并沙埕港）、三沙澳（并拓洋群岛水道）、闽江进口（并群岛水道）、海坛进口（并群岛水道）、泉州港进口、围头澳并深沪澳、厦门进口、厦门内港水道、虎头澳至铜山澳；台湾五幅：东海全图第一（台湾群岛水道亦作台湾总图）、澎湖进口（并群岛水道）、台湾西岸四口（打狗安平笨港布袋嘴并澎湖水道）、北海岸（基隆进口）、沪尾进口打狗进口苏澳进口笨港进口分图；广东二十三幅：广东沿海总图（第一张自福建诏安湾至碣石）、广东沿海总图（第二张自碣石至香港）、广东沿海总图（ 第三张自香港至铜鼓洲）、广东沿海总图（第四张自铜鼓洲至海陵山）、珠江总图、珠江图（第一张自大濠至伶丁洲北浅滩）、珠江图（第二张自伶丁洲北浅滩至虎门）、珠江图（第三张自虎岛至第二浅滩）、珠江图（第四张自第二浅滩至黄浦并由南水道至长山洲）、珠江图（第五张自黄浦至省并由南水道从长山洲至省）、西江图第一（自三山至砚厂）、西江图第二（自砚厂至广西梧州府）、潮州海南拔达司岛（石塘礁）、韩江进口（汕头）、韩江进口（汕头并群岛水道）、大鹏湾（并群岛水道）、香港（并群岛水道）、淇澳金星门、狮澳进口、电白县进口、海陵山进口、下川南吞进口、南澳岛（并群岛水道）。

全图运用了当时较为先进的测绘技术，格式统一，全面系统地反映了19 世纪中国沿海地区的地形、港湾、航道、水文、气象等情况。虽然也存在图例不统一、中英地名注记混杂等问题，但其在当时众多海图中颇具代表性，为晚清海图的大成之作，丰富了我国海洋文化研究的具体内容，其重要文献价值和历史意义不可忽视。版本有清光绪年间石印本。

19.《御览江浙闽沿海图》三十六幅，（清）朱正元纂

朱正元，生平不详，清光绪间曾任温州府候选同知。《御览江浙闽沿海图》冠“御览”二字，说明其为宫廷所用，供皇帝阅览。该图是一部以英版海图为蓝本，加以修订、补充而成的实测航海图集，完成于光绪二十三年（1897）至二十八年。全图共三十六幅，分浙江十二幅、江苏七幅、福建二十四幅，按《千字文》顺序排列。浙江沿海十二幅：天字总图一（自乍浦城至爵溪所）、地字总图二（自爵溪所至温州口附海门卫）、玄字总图

三（自温州口至南北关）、黄字分图（镇海口并金塘洋）、宇字分图（镇海）、宙字分图（舟山北面群岛并江苏群岛附白碛山）、洪字分图（舟山南面群岛）、荒字分图（定海）、日字分图（象山港）、月字分图（石浦并三门湾）、盈字分图（温州）、昃字分图（乍浦）；江苏沿海七幅：辰字总图一（缺）、宿字总图二（自海门至海州附海州）、列字分图（自长江口至拓林并东面群岛）、张字分图（长江第一图自上海至江甯附焦山、江阴）、寒字分图（黄浦江）、来字分图（陈钱山）、暑字分图（上海）；福建沿海二十四幅：往字总图一（缺）、秋字总图二（缺）、收字总图三（自崇武至古雷头附镇海、将军澳）、冬字分图（缺）、藏字分图（闽江并口外群岛附长门）、闰字分图（青洲）、余字分图（东冲口并三都群岛附崖石、长门、闽安）、成字分图（沙埕港）、岁字分图（海坛并四面附近群岛）、律字分图（海坛海峡）、吕字分图（观音澳）、调字分图（泉州港）、阳字分图（围头）、云宇分图（厦门并金门）、腾字分图（厦门并鼓浪屿），致字分图（自陆鳌至铜山附鸡笼屿）、雨字分图（南澳）。该图在绘制技术方面与《八省沿海全图》相似，虽然范围仅限三地，但其注重实地考察，精准度更高，又能突破英版航海图的局限，自成体系，每省图后均有详细的图说，略具中国传统图志的特点。同时其在航海图的基本功能上，兼具海防功能，反映了晚清建设海防、抵御外辱的思潮。版本有光绪间上海聚珍版铅印本。

20.《浙江沿海图说》一卷附《海岛表》一卷，（清）朱正元撰

作者参见《御览江浙闽沿海图》条。

是编将《御览江浙闽沿海图》浙江部分各图的说明文字辑出刊印，并制作海岛表。地域包括乍浦、澉浦、蟹浦、镇海、宁波、三山浦、穿山、象山港、舟山、沈家门、爵溪所、石浦、健跳所、海门卫、松门卫、玉环、鞲锹埠、温州、飞云江、大渔口、南北关（附沙埕港）、岱山、长涂、衢山等二十四地。内容涉及冲要、钤辖、里距、水道、潮汐、沙礁、岛屿、城镇、形势、船只、砲台、勇营、绿营、异名、杂识等十五项。所附海岛表列岛名、偏度、直距、长、阔、居民、船只、地锚、土产、名异、名译等十一项。清刘锦藻《清续文献通考》卷二百六十七经籍考十一："《浙江沿海图说》一卷附《海岛表》一卷，朱正元撰。"版本有清光绪二十五年（1899）上海聚珍本铅印本，卷内有"光绪己亥十月上海聚珍本印本"牌记，半页

十二行，每行二十七字，小字双行，四周双栏，白口，单黑鱼尾，版心镌书名、分节名、页码。2005年全国图书馆缩微复制中心出版的《中国边疆史志集成·海疆史志》收录。2011年知识产权出版社出版的《中国边疆研究资料文库·海疆文献初编：沿海形势及海防》亦有收录，缺凡例与海岛表。

21.《沿海图说》三十二卷，（清）黄维煊撰

黄维煊（1828—1873），字子穆，号洁如，浙江鄞县（今宁波）人，出身四明望族，唐末明州刺史黄晟三十四世孙。其父行伍出身，鸦片战争时调任慈溪守备，积劳而卒。黄维煊有四方之志，宁波开埠后，黄氏曾到琉球、日本等海外经商，开阔了视野，于洋务多有心得。后在浙江镇压太平军战斗中，参与谋划，授福建候补同知，获得浙江巡抚左宗棠赏识。1865年黄氏随左宗棠赴闽参与建设马尾船厂。1873年正月赴任台湾海防同知平粮价，兴文教，政声颇著。黄氏以实干著称，但“急于求治之心，不暇养生之计”，四十六岁即英年早逝，殊为可惜。黄氏熟悉洋务，颇有经济才能，又笔耕不辍，1870年闰十月撰写了《福建创建船政局厂告成记》，记福州船政局建设始末，次年十一月成《洋务管见》二卷，惜未传世。黄氏又喜读书，建怡善堂收藏图书两千三百余种，有《怡善堂书目》一卷。天一阁藏有《怡善堂剩稿》。黄氏最值得称道的著作是《沿海图说》。

《沿海图说》，又名《沿海山沙水礁图说》，总图、分图共三十二帧，故也作“三十二卷”。是图勘测自同治五年（1866），时左宗棠创建福建船政，命黄氏至沿海口岸“察形胜之险要，测沙水之浅深”，考察海上航线。其自序言“乃西至汉口，东至上海，南至香港、台湾，北至燕台牛庄及沿海岛门港汊，靡不周至，凡山川之险夷、沙礁之浅深、潮汐之大小，绘图详说”，进而提出“梗概而列之图”。后在洋务名臣沈葆桢大力支持下，黄氏主持绘制，“揭旨要，别支流”，历时六年，1872年十二月定稿。此图曾进呈朝廷，引起同治皇帝和慈禧太后关注，并得以“留中备览”，这也是该图又名《皇朝沿海图说》，扉页题“曾经御览”的缘由。是图早在同治十一年已有缩印本，初版题为《沿海图说》，后有黄家鼎光绪七年上海点石斋石印本，增“皇朝”两字。

是图是中国最早的近海实测航行图，其绘制过程有译制说和原创说之争论，据钱茂伟等专家根据图中细节研究表明，是图按采用当时先进的地

理学原理进行实地踏勘、测量绘图，符合近代地图要求，以当时黄维煊等人所掌握测绘技术，独立测绘完成是可能的。当时鸦片战争已过去 20 多年，海外交流与认知加速，大批海洋文献问世，如姜宸英《海防总论》、陈伦炯《天下沿海形势录》、魏源《海国图志》、李廷钰《海疆要略》等，黄维煊的《沿海图说》汲取前人成果，又克服了这些舆地著作的不足，侧重于实地测量，实用性极强。“今轮船往来半天下，兵商共济，环海数万里，岛屿星罗，礁碛缕结，操舟驾驭者，咸奉公之书以为宝筏云。”[①]

22.《浙江省沿海全图》一幅，（清）不著制者

清彩绘绫本，高 35 厘米，长 58 厘米。

23.《浙闽沿海全图》一幅，（清）不著制者

清彩绘纸本，高 57 厘米，长 78 厘米。

24.《浙江海洋图说》一幅，（清）不著制者

清绘本。

25.《山东江南浙江福建四省沿海图》一幅，（清）不著制者

清彩绘绢本，高 163.2 厘米，长 462.9 厘米。

26.《宁波府镇海县所辖洋面图》一幅，（清）不著制者

清光绪间彩绘本，高 62 厘米，长 68 厘米。

27.《亨温至东海图》一幅，（清）不著制者

清彩绘纸本，高 103.2 厘米，长 159.9 厘米。

28.《象山港图》一幅，（清）不著制者

清光绪间彩绘本，高 37.6 厘米，长 63 厘米，以山水画技法绘象山港地形。

29.《象山县洋图》一幅，（清）不著制者

清光绪间彩绘本，高 43.4 厘米，长 46 厘米。

---

① 张伟主编：《浙东文化研究（第 1 辑）》，杭州：浙江大学出版社，2014 年，第 165 页。

30.《温州外洋图》一幅，（清）不著制者

清光绪间彩绘本，高 63 厘米，长 95.2 厘米。

31.《温州内洋图》一幅，（清）不著制者

清光绪间彩绘本，高 47 厘米，长 45.7 厘米。

32.《平阳外洋图》一幅，（清）不著制者

清光绪间彩绘本，高 41.6 厘米，长 48.2 厘米。

33.《浙江定海图》一幅，（清）不著制者

清彩绘纸本，高 103.2 厘米，长 115.6 厘米。

34.《浙海舟山形势图》一幅，（清）不著制者

清彩绘纸本，高长均为 103.2 厘米。

35.《定海厅洋面岛屿表》一卷附《定海全境舆图》一卷，（清）钱增勋撰

钱增勋（1853—1922），字仲瑜，江苏常州人，光绪八年（1882）举人，善书，晚清时曾任定海厅同知。是图为清光绪三十三年铅印本，浙江图书馆藏。

36.《浙江地理之图》，（明）李贤等制

见《大明一统志》附图，明天顺五年（1461），国家图书馆有藏。

37.《浙江舆图》，（明）罗洪先制

见《广舆图》，明嘉靖十二年（1541），国家图书馆有藏。

38.《浙江舆图》，（明）李默制

见《大明舆地图》，明嘉靖二十六年至嘉靖三十八年（1547—1559），美国国会图书馆有藏。

39.《浙江舆图》，（明–清）不著制者

见《舆地总图》，明嘉靖三十六年至清顺治七年（1557—1650），台湾“中央图书馆”有藏。

40.《浙江舆图》，（明）钱岱制

见《广舆图》，明万历七年（1579），江苏海虞钱岱刊本，中国国家图书馆、美国国会图书馆有藏。

41.《浙江图》，（明）不著制者

见《分野舆图》，明万历二十九年至崇祯六年（1601—1633），美国国会图书馆有藏。

42.《浙江图》，（明）左君衡制

见《天地图》，明崇祯年间（1628—1644），美国国会图书馆有藏。

43.《浙江图》，（明）陆应阳原纂，清蔡方炳增辑

见《增订广舆记》，清康熙二十五年（1686）吴郡宝翰楼，日本早稻田大学图书馆有藏。

44.《浙江图》，（清）不著制者

见《遐览指掌》，清顺治四年（1647），美国国会图书馆有藏。

45.《浙江舆图》，（清）顾祖禹撰

见《读史方舆纪要》，清康熙三十一年（1692），国家图书馆等有藏。

46.《浙江舆图》，（清）不著制者

见《皇舆全览分省图》，清康熙六十年至六十一年（1721—1722），日本美国国会图书馆有藏。

47.《浙江图》，（清）不著制者

见《大清分省舆图》，清乾隆十九年至乾隆二十五年（1754—1760），日本美国国会图书馆有藏。

48.《杭州湾图》，（清）不著制者

又称《钱塘江沿岸图》，纸本彩绘，高 64 厘米，宽 109 厘米，清乾隆二十年至嘉庆十四年（1755—1809），日本早稻田大学图书馆有藏。

49.《浙江全图》，（清）六严制

见《皇朝内府舆地缩摹本》，清道光十四年（1834），台湾“中央图书馆”、美国国会图书馆有藏。

50.《浙江全图》，（清）湖北官书局制

见《大清一统舆地全图》，纸印本，高 40 厘米，宽 60 厘米，有图说，清同治三年（1864），美国国会图书馆有藏。

51.《浙江省垣水利全图》，（清）不著制者

纸印本，高 152 厘米，宽 84 厘米，清同治三年至同治十三年（1864—1874），美国国会图书馆有藏。

52.《浙江沿海要口全图》，（清）沈应旌制

清末浙江督练公所参谋处绘制股印制，石印本，上色，高 121 厘米，宽 84 厘米，清光绪三十年至宣统三年（1904—1911），美国国会图书馆有藏。

53.《浙江省》，（清）商务印书馆制

见《大清帝国全图》，采用经纬网绘制，清宣统元年（1909），国家图书馆等有藏。

第三节　综合性海洋史地认知文献

综合性海洋史地认知文献涵盖域外、国内两部分内容，明代有《皇舆考》之类文献。晚清时期海洋史地认知问题较为突出，国家层面对世界海洋史地知识的匮乏，直接反映在各类海洋战事上，于是出现了一批有识之

士，开始睁眼看世界，产生《海国图志》等一系列著作，其中浙江籍人士是其中不可忽视的力量。绍兴人谢洪赉主持编写的《瀛寰全志》，甚至成为清廷学部编的中学地理教科书，影响颇大。

1.《皇舆考》十二卷，（明）张天复辑

张天复（1513—1573），字复亭，号内山，又号初阳，晚号镜波钓叟，山阴（今浙江绍兴）人，工诗善文，明嘉靖二十六年（1547）进士，历任云南按察副使、太仆寺卿等职，其事迹在《明史·文苑传》其子张元忭传中有记载。张氏乃明末文学家张岱之高祖，传世著作还有《鸣玉堂稿》《绍兴志》等。

是书共十二卷，地理著作，以廖世昭《志略》为底本，参引桂萼《舆图记述》、罗洪先《广舆图》、许论《九边论》等诸家之说，增删润色而成，分省叙述，图文呼应。张氏编制舆图旨在助于经邦济世，《自序》言舆图可以"辨形势以明地险，陈忧患以达民艰，审经画以悉时宜"，但是"道有升降，政有损益"，于是"取闽本志略稍加详定，首引杜氏古九州之文，然后次序郡国图志，参据前说各冠篇端，而以边夷终焉……则夫治平修攘之谋固了然视诸掌矣"。是书内容涉及我国自东北至东南等沿海地区的地理历史，及安南、占城、暹罗、满加拉等东南亚海上诸国的情况，另有《浙江图》《浙江郡县》《海运图》《东南滨海诸夷图》《东南海夷图》《西南海夷图》等多幅地图，颇具海洋史研究价值。

明代祁承㸁《澹生堂藏书目》："《皇舆考》十卷，四册，张天复"。明孙能传《内阁藏书目录》卷六："《皇舆考》四册全，嘉靖间学宪张天复著"。明朱睦㮮《万卷堂书目》卷三："《皇舆考》"。明张岱《石匮书》卷三十七："《广皇舆考》二十四卷，张天复"。清代范邦甸《天一阁书目》卷二之二史部："《皇舆考》十卷刊本，明嘉靖丁巳张天复撰并序"。清黄虞稷《千顷堂书目》卷六："张天复《皇舆考》十二卷"。清嵇璜《续通志》卷一百五十九艺文略："《皇舆考》十二卷，明张天复撰"。清嵇璜《续文献通考》卷一百七十经籍考："张天复《皇舆考》十二卷，天复号内山，山阴人，嘉靖进士，官至云南按察司副使"。清钱谦益《绛云楼书目》卷一："《皇舆考》"。清万斯同《明史》卷一百三十四志一百八："张天复《皇舆考》十二卷"。清张廷玉《明史》卷九十七志第七十三："张天复《皇舆考》十二卷"。

清永瑢《四库全书总目》卷七十二史部二十八：“《皇舆考》十二卷（副都御史黄登贤家藏本），明张天复撰。天复号内山，山阴人。嘉靖丁未进士，官至云南按察司副使。事迹附见《明史·文苑传》其子元忭传中。是书取闽本《志略》稍加润饰。其自序云：“文襄桂公《舆地图志》、宫谕念庵罗公《广舆图》、司马许公《九边论》，词约而事该。故往往引三家之说冠于篇端。文襄桂公者桂萼，念庵罗公者罗洪先，司马许公者许论也。其大意在规《明一统志》之失，但贪列人物，依然挂一漏万。至若四至八到，郡县沿革，皆略而不详，未为善本”。

清乾隆四十四年（1779）该书被禁，故流传版本较少，有明万历十六年（1588）张象贤遐寿堂刻本较为通行。万历张氏刻本，十二卷，半页九行，行十八字，左右双边，单黑口，版心镌书名、卷次、页码及“遐寿堂”字样。卷前有袁福征序及张氏自序，半页七行，行十五字，手写体。首卷题“提督学校湖广副使山阴张天复辑，翰林院修撰男元忭校，吏兵两科都给事中前翰林院庶吉士姑苏张鼎思重校”。卷末有张象贤跋及张烛后序。后张天复子元忭对《皇舆考》进行增补，成《广皇舆考》二十卷。

1997年北京出版社《四库禁毁书丛刊》史部、1995年齐鲁书社《四库全书存目丛书》史部和2000年北京图书馆出版社《北京图书馆古籍珍本丛刊》史部地理类影印收录全文。1981年台北“中央图书馆”作为《玄览堂丛书》之一种影印出版，1996年齐鲁书社再次影印出版，所选均为万历间张象贤刻本。

2.《地舆图考》五卷，（清）龚柴撰

作者参见《暹罗考略》条。

龚氏于光绪五年（1879）在《益闻录》负责辑录地舆图考刊于报内，前后四年之久。《地舆图考·龚叙》言：“（龚氏）悉心探究，涉猎中外诸书，其山川形胜，风土人情，诸国疆域之宽窄，开国之远近，世代之沿革，物产之盛衰，人才之优劣，凡实有益于见闻而堪资印证者，略具于篇……由是而旁搜远引，抚古征今，或者于中外修睦事宜、通商利害之所在，并推原返本，认识辟地生民之主而昭事惟谨，不无稍补也。”龚氏将四年间陆续发表于《益闻录》的舆地著作汇集刊行，此举意在有资于世事。

是编分为前论和亚细亚图考两大部分。前论一卷，包括地体浑圆说、地属行星说、测量地球说、地理形势释名、天下高山大川题名、天下五洲方域题名、天下五洲地舆全图、亚细亚全图。亚细亚图考四卷，卷一包括亚细亚洲总考、中国方域总考、中国形势考略、中国海岛考略，中国十八省物产记略、皇朝地舆大全、中国历代都邑考；卷二包括盛京、直隶、江苏、安徽、江西、浙江、福建、湖北、湖南、河南、山东、山西、陕西、甘肃、四川、广东、广西、云南、贵州等省份的地图和考略。卷三包括满洲、蒙古、青海、西藏、新疆、朝鲜、越南、暹罗、缅甸等国家和地区的地图和考略。卷四包括日本、亚洲俄属、西域回部、阿富汗、俾路芝、印度、波斯、阿剌伯、东土耳其、西里亚等国家和地区的地图和考略。是编虽不是专门的海洋类专著，但其中部分内容涉及海洋国家和地区，颇为详细。是编图文并茂，制图采用经纬度定位，较之《瀛寰志略》准确度更高，是当时认知世界的重要参考文献。

版本有光绪九年（1883）铅印本。卷前有“光绪九年岁在邵阳协洽旦月浦西益闻馆印”牌记，有张崇序，吴慎旃、定孙甫叙，李杕序，龚柴叙。正文每半页二十字，行四十一字，四周双栏，版心镌书名、页码。光绪十七年（1891）王锡祺《小方壶斋舆地丛钞》收录的中国各省考略均节录自本书，文字略有不同。

3.《五洲图考》六卷，（清）龚柴撰

作者参见《暹罗考略》条。

是编乃《地舆图考》刊行十年后，《五洲图考·龚序》：“许君（彬）采白欲以其所著斐墨澳三洲考略与余欧亚二洲考略汇为一编，余然之。因改名《五洲图考》。”薛冰《金陵书话》认为是编地理总论和亚洲外国部分、欧洲部分，系龚氏编译；墨（美）、斐（非）、澳洲，系许彬编译；亚洲的中国部分，系徐劢所编辑。由许彬总成其事。世界地理部分较为科学，而中国地理部分无多新意。贵在有考有图，且地图较为精准。

是编由龚氏与许彬、徐劢辑译，共六卷，考证五洲各国地理、政事、物产、风俗、山川、人物、险要等颇为详尽，并附图五十七幅。地理总论部分，包括地体浑圆、地为行星、测量地球、形势释名、天下高山、天下大川、五洲方域。亚洲部分由总论、日本、琉球、台湾、朝鲜、越南法属、

暹罗、缅甸英属、廓尔喀、不丹、印度、俾路芝、阿富汗、东俄罗斯、波斯、阿剌伯、东土耳其、如得亚组成。欧洲部分包括罗马、意大里亚、法兰西、西班牙、葡萄牙、英吉利、荷兰、比利时、瑞典、那威、丹国、日尔曼、瑞士、奥地利亚、塞尔维、罗马尼、蒲加利、西土耳其、希腊、俄罗斯等国家或地区。美洲部分包括总论、加拿他、米利坚、墨西哥、中亚墨利加（中墨五国）、安地群岛、哥伦比亚、厄瓜多尔、委内瑞拉及巴西、秘鲁、波里未亚、智利、银国、巴拉圭、乌路圭等国家和地区。亚非利加洲部分介绍埃及、的黎波里、努比亚、阿比西尼亚、都尼斯、亚尔日里、摩洛哥、撒哈拉、苏丹、斐洲西境、斐洲南境、斐洲东境等国家和地区。

版本有光绪二十四年（1898）铅印本。前有“光绪二十四年戊戌董十二月上海徐家汇印书馆印发私印必究”牌记，有汪康年序、李杕序、龚柴序、许彬序，正文每半页十行，行四十字，有句读、专名号，四周双栏，上单鱼尾，白口，版心上镌书名，中镌章节名、下镌页码。另有光绪二十八年（1902）铅印本，一函四册，仅有李杕、许彬两序。

4.《瀛寰全志》，（清）谢洪赉撰

谢洪赉（1873—1916），山阴（今浙江绍兴）人，其父为长老会传教士，受此影响，谢氏接受西式教育，光绪二十一年（1895）毕业于苏州博习书院，该书院由美国基督教新教监理公会兴办，后在中国基督教青年会工作，有《圣教布道新史》《中国耶稣教会小史》《基督教与科学》等著作，编纂了《瀛寰全志》《华英初阶》《中英文典》等，另有译著《旧约注释》《代形合参》等，是近代基督教著述家。《瀛寰全志》，又名《最新中学教科书瀛寰全志》，是清廷学部编的教科书，发行量较大，上海商务印书馆光绪二十九年（1903）初版，后历年多次再版，至三十三年共再版 9 次，均为铅印本。另有 1914 年商务印书馆重印。是书为中学地理教科书，包括总论、亚细亚洲、欧罗巴洲、阿非利加洲、北亚美利加洲、南亚美利加洲、海洲等 7 编，含有中国地理，对于研究清末教育改革，了解时人对海外世界的认知多有助益。

第二章　海洋交通文献研究

古代海洋交通文献主要包括海国交流文献和海运文献两部分。海国政治邦交文献即记述使臣往来、海关条约等方面的文献。海运文献包括海上航线、港口以及近海海运情形等方面的文献。

第一节　海国交流文献

三国时期吴国使臣朱应、康泰的著作《扶南异物记》和《吴时外国传》可视为早期海国交流文献。扶南，即今柬埔寨，公元 3 世纪中叶，朱、康的出使是我国历史上有记载的首次正式访问柬埔寨。《梁书》卷七十八《海南诸国传》载，“吴孙权时，遣宣化从事朱应、中郎康泰通焉。其所经过及传闻则有百数十国，因立记传。”[①] 沈曾植《海日楼札丛》卷三，《康泰扶南土俗》一书是“著述南海诸岛国第一书也”。《吴时外国传》是世界上第一部介绍柬埔寨的书，其中保存了当时扶南诸国（今柬埔寨）的历史、政治、经济、物产、风俗、商业及交通等多方面的珍贵文献，是研究我国古代南海交通发展的重要史料。

元代温州人周达观撰《真腊风土记》一卷。真腊，即今柬埔寨地区。周达观于元成宗元贞元年（1295）奉命随使团从海路前往真腊，大德元年（1297）六月返回中国，撰写了游记形式的《真腊风土记》。是编包括城郭、山川、出产、贸易、舟楫、属郡等 40 则，叙述了当时柬埔寨的山川、物产、社会生活、经济文化、语言、习俗等，还论及当时居住在真腊的海外华人的状况，是一部介绍真腊古国历史、文化的中国古籍，也是存世的与真腊同时代者对该国的唯一记录。

明清时期出现大量海国交流文献，明代有关郑和下西洋，出使琉球、朝鲜等方面的文献较多，清代则以前往日本、欧洲、美洲交流为主。

---

① （唐）李延寿撰，周国林等校点《南史》，长沙：岳麓书社，1998 年，第 1123 页。

1.《渤泥入贡记》一卷，（明）宋濂撰

宋濂（1310—1381），字景濂，号潜溪，别号玄真子、玄真道士、玄真遁叟，浙江金华人，自幼英敏强记，手不释卷，为文“明道致用、宗经师古”，与高启、刘基并称为“明初诗文三大家”，官至翰林院学士承旨、知制诰。晚年因其长孙宋慎涉嫌胡惟庸党案，全家被流放茂州，途中宋濂于夔州病亡。

《渤泥入贡记》仅一千四百余言，记述了洪武三年（1370）秋，福建行省都事沈秩与监察御史张敬之等奉诏出使渤泥国，次年八月返回中国，这一出使海外事件对出使渤泥的经过、行程、相关外交活动，以及当时渤泥国的气候、物产、居民生活及习俗等都做了具体记述。书中还录有洪武四年（1371）五月渤泥国王臣马合漠沙进呈给明太祖的表文。渤泥国，又叫勃尼或浡尼，在今加里曼丹岛北部文莱一带。该书为研究明初中国与渤泥国等东南亚诸国的交往提供了可信资料。

明贺复征《文章辨体汇选》卷五百八十七，明陈子龙《明经世文编》卷二、明董斯张《吴兴艺文补》卷二十九，均收录全文。版本有明崇祯六年（1633）平露堂刻本、冯梦龙辑《五朝小说》本、《说郛续》本。1993 年巴蜀书社《中国野史集成》、2005 年北京图书馆出版社《历代边事资料辑刊》影印收录。

2.《瀛涯胜览》一卷，（明）马欢撰

马欢，字宗道，别字汝钦，号会稽山樵，会稽（今浙江绍兴）人，生卒不详，自幼喜读域外地理书籍，信奉伊斯兰教，精通波斯语、阿拉伯语，是我国明代著名的航海家、翻译家。马欢于明永乐十一年（1413 年，第四次）、永乐十九年（1421 年，第六次）、宣德六年（1431 年，第七次）随郑和三下西洋，作为通事亲历亚非 20 余国。归国后，据其见闻撰《瀛涯胜览》一书。

是书至迟于明景泰二年（1451）形成定稿，将沿途占城、爪哇、旧港、暹罗、满剌加国、哑鲁国、苏门答剌国、那孤儿小国、黎代国小国、南浡里国、溜山国榜葛剌国、锡兰、小葛兰国、柯枝国、古里国、祖法儿国、忽鲁谟斯国、阿丹国、天方国等沿途 20 多个国家和地区的地理位置、航

线、日程、气候、政治经济、人文风土等状况记录下来。其《自序》云马欢每到之处，均亲身勘察，“采摭各国人物之丑美，壤俗之异同，与夫土产之别，疆域之制，”绝非道听途说，较费信的《星槎胜览》和巩珍的《西洋蕃国志》，可信度更大，三者之中文献价值最高。《瀛涯胜览·马敬序》，是书“载岛夷地之远近，国之沿革，疆界之所接，城郭之所置，与夫衣服之异，食用之殊，刑禁制度，风俗出产，莫不悉备”。该书所载多为亲闻亲见，较为翔实可信，是研究15世纪南洋、印度洋地理及中西交通的重要史料。

明晁瑮《晁氏文堂书目》：“《瀛涯胜览》”。明祁承爜《澹生堂藏书目》：“《瀛涯胜览》一卷，马汝钦，附瀛涯记行诗见说钞”。明朱睦㮮《万卷堂书目》卷二：“《瀛涯胜览》一卷，马欢”。明朱荃宰《文通》卷二十七：“《瀛涯胜览》”。清代黄虞稷《千顷堂书目》卷八：“马欢《瀛涯胜览》一卷，会稽人”。清嵇曾筠《（雍正）浙江通志》卷二百四十四：“《瀛涯胜览》一卷，黄氏书目，马欢著，会稽人”。清毛扆《汲古阁珍藏秘本书目》：“《瀛涯胜览》一本，吴方山手抄，五钱”。清张廷玉《明史》卷九十七志第七十三：“马欢《瀛涯胜览》一卷”。清徐乾学《传是楼书目》：“《瀛涯胜览》，明马观，一本”。清丁仁《八千卷楼书目》卷八史部：“《瀛涯胜览》一卷，明马观撰，纪录汇编本，广百川本”。清万斯同《明史》卷一百三十四志一百八：“马欢《瀛涯胜览》一卷，会稽人”。清嵇璜《续通志》卷一百五十九艺文略：“《瀛涯胜览》一卷，明马观撰”。清嵇璜《续文献通考》卷一百七十一经籍考：“马观《瀛涯胜览》一卷，观里贯无考”。

清永瑢《四库全书总目》卷七十八史部三十四：“《瀛涯胜览》一卷（两江总督采进本），明马观撰。观不知何许人。书中多记郑和出使时事，则作于永乐以后也。所记海外诸番曰占城，曰爪哇，曰旧港国，曰暹罗，曰满剌加，曰哑鲁国，曰苏门答剌，曰那孤儿，曰黎代，曰喃勃里，曰锡兰，曰小葛兰，曰阿枝，曰古俚，曰溜山，曰祖法儿，曰阿丹国，曰榜葛剌国，曰忽鲁谟斯国，凡十九国，而为篇十八。其那孤儿国附见苏门答剌后，以其微也。各载其疆域、道里、风俗、物产，亦略及沿革。大抵与史传相出入”。“观”当为“欢”。

是书版本源流较为复杂，据学者万明考证谱系如下：其一，原本钞本与刻本：嘉靖二十一年（1542）《国朝典故》钞本为初稿本，在此基础上有邓士龙《国朝典故》万历间刻本；《说集》本和淡生堂本为定稿本，在此基础上有《纪录汇编》万历四十五年（1617）刻本，此本为通行本；《三宝征夷集》本为集大成本。其二，原本改编本与刻本：《艺海汇函》钞本，郭崇礼改编两卷本；张升删改本，嘉靖元年（1522）刊刻，此本乃是书最早刻本。另外还有明泰昌元年（1620）《颜堂秘籍》刻本，道光二十二年（1842）吴弥光芬陀罗馆《胜朝遗事》刻本等多种。《中国古籍总目》史部有三条记录，详细罗列了是书的版本信息。1935 年冯承钧《〈瀛涯胜览〉校注》商务印书馆出版，1955 年中华书局重印。1985 年中华书局《丛书集成初编》影印万历间《纪录汇编》刊本。2005 年万明的《明钞本〈瀛涯胜览〉校注》由海洋出版社出版。

3.《朝鲜纪事》一卷，（明）倪谦撰

倪谦（1415—1479）字克让，号静存，钱塘（今浙江杭州）人，天资聪颖，博闻强识，工笔札，正统四年（1439）进士，授翰林编修，历任大学士、礼部右侍郎、南京礼部尚书等职，为官清正，政声颇著，卒后追赠太子少保，谥文僖。景泰元年（1450），倪谦受命曾出使朝鲜颁诏，撰《朝鲜纪事》以记行。

《朝鲜纪事》一卷，五千五百余言，以时间顺序，记录了自鸭绿江离境，到达朝鲜王城，至出使任务结束，返回境内之前的经历、见闻，行程计一千一百七十里，馆驿凡二十八个，着重记述了使团在平壤的各项外交活动，及明朝经历“土木之变”，国势变化对外交的影响。该书开创了我国外交使节著述纪行的先河。

清永瑢《四库全书总目》卷五十三史部九：“《朝鲜纪事》一卷（浙江巡抚采进本），明倪谦撰。谦字克让，钱塘人，徙上元，正统己未进士，官至南京礼部尚书，谥文僖。是编乃景泰元年谦奉使朝鲜颁诏纪行之作。自鸭绿江至王城，计一千一百七十里，所历宾馆凡二十有八，语意草略，无足以资考证。时朝鲜国王、世子并称疾不迎诏，谦争之不得，亦无如之何。盖新有‘土木之变’，正国势危疑之日也。亦足见明之积弱，虽至近而令亦不行矣”。

明代祁承㸁《澹生堂藏书目》：“《朝鲜纪事》一卷，倪谦”。明朱睦㮮

《万卷堂书目》卷二："《朝鲜纪事》"。明朱荃宰《文通》卷二十七："《朝鲜纪事》"。清丁仁《八千卷楼书目》卷四史部："《朝鲜纪事》一卷，明倪谦撰，纪录汇编本"。清范邦甸《天一阁书目》卷一之一："《朝鲜纪事》一册"。清黄虞稷《千顷堂书目》卷八："倪谦《朝鲜纪事》一卷"。清钱谦益《绛云楼书目》卷一："《朝鲜纪事》"。清万斯同《明史》卷一百三十四志一百八："倪谦《朝鲜纪事》一卷"。清张廷玉《明史》卷九十七志第七十三："倪谦《朝鲜纪事》一卷"。民国李榕《(民国)杭州府志》卷八十七："《朝鲜纪事》一卷，南京礼部尚书钱塘倪谦克让撰"。

明代沈懋孝《长水先生文钞》，明佚名辑《明人百家短篇小说》(钞本)，《续修四库全书》史部地理类(钞本)，《四库全书存目丛书》史部杂史类(《国朝典故》本)，《丛书集成初编》，1995 年周光培编《历代笔记小说集成·明代笔记小说》，均收录全文。

版本据顾廷龙《朝鲜纪事校记》，是书传本不多。明嘉靖沈节甫刻《纪录汇编》本舛讹棘目。1914 年上虞罗氏《玉简斋丛书》本，据《汇编》本重刻。常熟翁氏蓝格钞本，半页九行，行二十字，有"谦牧堂藏书记""翁同龢考藏""翁印之端""翁印之缮"诸印，较罗本颇多佳胜。另有《国朝典故》本。

4.《奉使录》二卷，(明)张宁撰

张宁(1426—1496)，字靖之，号方洲，一作芳洲，浙江海盐人，天资聪颖，颇有文才，诗书画俱佳。景泰五年(1454)进士，授礼科给事中。为人刚正，敢于直谏，得罪朝中权贵，出为汀州知府，政声斐然，终郁郁不得志，以病去职，赋闲三十余年，后多次征荐，不复应诏，弘治九年(1496)病逝。有《方洲集》。

明天顺四年(1460)，朝鲜内讧，战事在即，张宁受命为正使，与副使武忠受冒险出使。《明史·张宁传》载"宁辞义慷慨，而忠骁健，张两弓折之，射雁一发坠，朝鲜人大惊服，两人竟解其仇而还。"《奉使录》凡二卷，乃张宁出使朝鲜的诗文集。上卷有《乞定名次题本》《辽东复奏题本》《朝鲜国回还复命题本》等奉使召对、奏稿数篇，另有到达朝鲜前途中的诗文多篇；下卷题《皇华集(朝鲜刻本)》，为张宁抵朝后的诗文、行纪，对朝鲜的山川、风物亦有所记述。

明清永瑢《四库全书总目》卷一百七十五集部二十八：“《奉使录》二卷（两江总督采进本），明张宁撰。宁有《方洲集》，已著录。是集乃宁天顺四年出使朝鲜所作，已编入《方洲集》内。此其初出别行之本也。上卷首叙奉使召对及奏稾数篇，余皆途中留题之作。下卷则至朝鲜以后篇什，题曰《皇华集》，注云朝鲜刻本。前有崔恒序，乃奉国王李瑈命编次而序之者也。朱彝尊《静志居诗话》载：宁两使朝鲜，水馆星邮，留题殆遍。馆伴朴元亨诗篇唱和，殊不相下。及偕登太平馆楼，宁成七律六十韵，元亨诵至‘溪流残白春到雪，柳折新黄夜半风’之句，乃阁笔曰：‘不敢属和矣！’然其诗从调骋情，才思虽捷，而少沉思。故王世贞谓宁诗‘如小棹急流，一瞬而过，无复雅观也’”。

清丁仁《八千卷楼书目》卷十六集部：“《奉使录》二卷，明张宁撰，盐邑志林本”。清黄虞稷《千顷堂书目》卷八：“张宁《奉使录》二卷”。清嵇曾筠《（雍正）浙江通志》卷二百四十四：“《奉使录》二卷，《盐邑志林》，张宁撰”。清嵇璜《续通志》卷一百六十二艺文略：“《奉使录》二卷，明张宁撰”。清嵇璜《续文献通考》卷一百九十一经籍考：“张宁《芳洲集》二十六卷附《读史录》四卷，宁见子类。臣等谨案：是集首有夏时正序，称《芳洲集》四十卷，又有谢丕续集序，称时正复拾林下之作为四卷，今本止二十六卷，合以所附读史录共三十卷。又别本《奉使录》二卷，乃出使朝鲜所作，已见《芳洲集》中”。清万斯同《明史》卷一百三十四志一百八：“张宁《奉使录》二卷”。清张廷玉《明史》卷九十七志第七十三：“张宁《奉使录》二卷”。民国李榕《（民国）杭州府志》卷八十七：“《奉使录》二卷，明海宁张宁撰”。

版本有明天启三年（1623）刻《盐邑志林》本，1937 年涵芬楼影印明刻本，1985 年中华书局《丛书集成初编》本，《四库全书存目丛书》本。另有朝鲜刻本《奉使录》，下卷题《皇华集》。

5.《使琉球录》不分卷，（明）陈侃撰

《使琉球录》，明陈侃撰。陈侃（1489—1538），字应和，鄞县（今属浙江宁波）人，嘉靖五年（1526）进士，曾任刑科给事中、光禄少卿、南京太仆少卿等职。嘉靖十一年被任命为正使，奉命与副使高澄出使琉球，册封中山王尚清。嘉靖十三年，回国复命，进呈《使琉球录》。

《使琉球录》不分卷，卷首有陈侃自序，正文有册封诏书、谕祭文、使事纪略、群书质异、天妃灵应记等多个部分组成，附有夷语附、夷字附、奏折，书末有高澄后序。内容还涉及当时琉球的山川、风俗、人物、起居、日用、饮食等。嘉靖帝对此书十分重视，命付之史馆，以备他日史馆采集之用。明范守已《皇明肃皇外史》卷十五："陈侃上《使琉球录》。侃与高澄还自琉球，乃撮其山川、风俗、人物及夷语夷字为录，以进命付史馆"。

明代晁瑮《晁氏宝文堂书目》："《使琉球录》"。明陈第《世善堂藏书目录》卷上："《使琉球录》，陈侃，世庙时人"。明高儒《百川书志》卷四："《使琉球录》三卷，皇朝给事中陈侃、行人高澄使琉球所录，前载制谕、祭文、赉物，次载日记道涂、山川、风俗、人物之实，起居、日用、饮食之细，耳目亲及者备录之，考证诸书夷语附于卷末"。明祁承爜《澹生堂藏书目》："《使琉球录》一卷，陈侃"。明朱睦㮮《万卷堂书目》卷二："《使琉球录》二册，陈侃"。明朱荃宰《文通》卷二十七："《使琉球录》"。清丁仁《八千卷楼书目》卷四史部："《使琉球录》一卷，明陈侃撰，纪录汇编本"。清范邦甸《天一阁书目》卷一："《使琉球录》一册"。清钱谦益《绛云楼书目》卷一："《使琉球录》"。清嵇曾筠《（雍正）浙江通志》卷二百四十四："《使琉球录》一卷，《鄞县志》，陈侃著"。清黄虞稷《千顷堂书目》卷八："陈侃《使琉球录》二卷"。清万斯同《明史》卷一百三十四志一百八："陈侃《使琉球录》二卷"。清阮元《文选楼藏书记》卷三："《使琉球录》一册，明正使陈侃著，四明人刊本。是书记程途风土及所行典礼"。

版本有嘉靖初刻本，半页十行，行二十字。万历四十五年（1617）阳羡陈氏刊《纪录汇编》本，万历《国朝典故》本，《五朝小说》本，《说郛》本，朝鲜铜活字本，明朱当沔《国朝典故》钞本，《玄览堂续集》收录清蓝格钞本。2002 年上海古籍出版社《续修四库全书》收录此书嘉靖刻本影印本。

6.《朝鲜国纪》一卷，（明）黄洪宪撰

黄洪宪（1541—1600），字懋中，一作懋忠，号葵阳，自称碧山学士，秀水（今浙江嘉兴）人，隆庆元年（1567）浙江乡试第一，隆庆五年进士，文名冠天下，授编修，参修《大明会典》，官至侍读学士、少詹事，曾奉使

朝鲜。时张居正为首辅，黄氏以文名受知于张氏，后受到牵连，遂辞官归乡。黄氏性喜藏书，室名“玉堂”，所编《稗统》一书惜已散逸。有《朝鲜国纪》《玉堂日钞》《碧山学士集》等著作。乾隆年间《碧山学士集》被列入全毁书目。

《朝鲜国纪》系黄氏出使朝鲜而作，全文不足八千字，起自周初箕子朝鲜封国，终于明万历初年。明之前朝鲜先世历史记述十分简明，明代时期相对详细，政权沿革、传受次序、朝贡物品、赏赐物品、兴废大要及明朝与朝鲜的关系，均有论及，可作一部断代中朝关系简史观。因其目睹朝鲜先世实纪，可信度较高。史料来源一则出使所见，一则参修《大明会典》所得。得之于系统，失之于简略。

清永瑢《四库全书总目》卷六十六史部二十二：“《朝鲜国纪》一卷（编修程晋芳家藏本），明黄洪宪撰。洪宪字懋中，秀水人。隆庆辛未进士。官至少詹事，掌翰林院事。尝奉使朝鲜，获睹其国先世实纪，因次其传受次序，及兴废大要，为此书。然所录甚略，不及史传之详备也。”

清丁仁《八千卷楼书目》卷五史部：“《朝鲜国纪》一卷，明黄洪宪撰，明刊本、学海类编本”。清黄虞稷《千顷堂书目》卷八：“黄洪宪《朝鲜国纪》一卷，又《箕子实纪》一卷”。清嵇曾筠《（雍正）浙江通志》卷二百四十四：“《朝鲜国纪》一卷、《箕子实纪》一卷，《黄氏书目》，黄汝宪撰”。清嵇璜《续通志》卷一百五十八《艺文略》：“《朝鲜国纪》一卷，明黄洪宪撰”。清嵇璜《续文献通考》卷一百六十七《经籍考》：“黄洪宪《朝鲜国纪》一卷。洪宪，字懋中，秀水人，隆庆进士，官至少詹事，掌翰林院事”。清万斯同《明史》卷一百三十四志一百八：“黄洪宪《朝鲜国纪》一卷，又《箕子实纪》一卷”。

版本有明刊本、清道光十一年（1831）六安晁氏木活字本学海类编本、涵芬楼影印清道光十一年六安晁氏木活字本学海类编本、丛书集成初编本。道光间木活字本，左右双栏，每半页九行，行二十一字，字宋体，小字双行，白口，单白鱼尾，版心镌丛书名、书名、目次及页码。1997 年齐鲁书社《四库全书存目丛刊》史部据涵芬楼影印本影印收录该书。

7.《安南供役纪事》一卷，（清）朱之瑜撰

朱之瑜（1600—1682），字鲁屿，号舜水，浙江余姚人，诸生，为明末

清初著名的爱国学者、思想家、中日文化交流的伟大使者。9岁丧父，但少有大志，精研六经，尤擅毛诗。明末多次被征召，因政治黑暗腐败，均不应诏。清兵入关后，辗转东南沿海，密谋恢复。曾思筹措军饷、乞师日本、安南，未成功。赴安南，遭扣留恐吓，朱氏并不屈服，几遭不测，赢得安南国王礼遇。后恢复大明无望，寄寓日本20余年，讲学授徒，倡导"实理实学、学以致用"，反对空谈，在日本产生了深远的影响。日人以宾师之礼相待，之瑜年八十三卒，葬于日本长崎瑞龙山麓，谥曰"文恭"，并立祠祀之。《清史稿》列传二百八十七有传。

《安南供役纪事》一卷，主要记述清顺治十年（1653）朱之瑜亡命安南，清顺治十四年，安南征辟中国儒生任职，面对各种威胁，朱之瑜坚贞不屈，誓死不愿为安南任职，最终赢得国王尊重，平安离开，到达日本的经过。安南，大致相当于今天的越南。朱之瑜的记载比较翔实生动，既反映了其抗清活动和在安南的遭遇，客观上也反映了当时安南的政治、文化、语言等方面的具体状况。该书是研究朱之瑜在越南活动，及其生平、思想的重要史料，对于明清时期越南状况的研究亦具有较高的文学、史学价值。

版本有1712年日本刻本《舜水先生文集》，1913年排印本《舜水遗书》，1993年巴蜀书社《中国野史集成》本。陈荆和《朱舜水〈安南供役纪事〉笺注》，香港1968年。1987年孔昭明主编《台湾文献史料丛刊第八辑（151）朱舜水文选》收录全文。

8.《袖海编》一卷，（清）汪鹏撰

汪鹏，字翼沧（或翼仓、翼苍），一作翼昌，号竹里山人，浙江钱塘（今杭州）人，清乾隆年间人，生卒不详。《(光绪）杭州府志》有传："汪鹏，字翼仓，仁和人，慷慨好施予，朋好中孤寒者助膏火以成其名，亲串有婚嫁不克举者成全之。尝泛海往来浪华岛，购古本《孝经》、皇侃《论语》《七经孟子考文》，流传中土。后殁于舟中。先是，船舶例不得携棺入中土。十年前有客死者，鹏为岛中人言之，得破格从事。至是不烦请托，竟举丧以归。人谓忠信之报。"[①]光绪间李浚之编《清画家诗史》有"汪鹏"条："汪鹏字翼苍，一作翼昌，号竹里山人，钱塘人，以善画客游日本，垂二十年，岁一往还，未尝或辍。喜购古本书籍，归呈四库馆，或付鲍渌饮（鲍

① （清）鲍廷博撰：《鲍廷博题跋集》，杭州：浙江古籍出版社，2012年，第9页。

廷博）或阮芸台（阮元）传刻行世。有《袖海编》。”从中可知汪氏，为人慷慨仗义，长期旅居日本，喜欢搜求古籍善本，是一位颇有文化修养的海商。

是编成书于乾隆二十九年（1764），笔记体，卷首有汪氏自序：“东坡云，‘我持此石归，袖中有东海’真得诗家三昧。余客东瀛寓居山馆，岩壑在望，云烟满目，而跬步不能出，直有抛南岳，卷沧溟之志。是坡所袖者，以石为海，子所袖者，以海为石。今姑就其所见闻，略为纪识，名曰袖海。海耶石耶，不得而知之矣。或曰昔有波斯持宝石入中国，其值千万，吾子他日归，籍得如波斯之所挟持，岂非快事。然则探鲛室，过屠门，其又斯编之余绪乎？诸同人闻之其毋哂。乾隆甲申重九日竹里漫识于日本长崎唐馆。”①

是编共五十条，包括长崎的风俗、文教、政治、中日贸易、长崎唐馆、在日华商情形等内容，其中对唐馆、中日贸易程序着墨较多，对长崎游女（妓女）风气的记载较为详细。如长崎交易程序：“唐船维缆之后，当年司事者示期上办。上办即以货贮库，有关验，有揭封。揭封者，其物零星，在货不货之间，另为封识之，以待请给上办，犹日到办。到办则专事此番交易也，故日某办船……曰清库，司事者与客会集货库，将上办所贮货物一一盘查，各为号记，俾无遗失。并将各货包皮秤明斤两，以便出货时除算，明晰而清楚也。曰王取，使院择而有取，不在卖额之内。曰插番，司事人领本国远商开库视货。货之高低，唐山客与商虽觌面，都不交谈，其所事在串，串之为言插也。曰讲价，通事之官进馆集客列坐，授以批价文簿，评论低昂，随时增减，至有竞而哗者，非一日所能。定则书卖字于货口之上，盖以图记，则交易之事粗毕，专待出货”，“每数艘讲价已定，本国商人咸集于会馆，看板则知某货共有若干，其货之优劣，前于插番时见之矣。看板后各商书其所值之价，密封投柜，名曰丢票。然后择善价而售之，不劳较论。”所记多为汪氏见闻，为第一手资料，可信度高。

清丁仁《八千卷楼书目》卷八史部：“《袖海编》一卷，国朝汪鹏撰，昭代丛书本”；陶元藻《全浙诗话》卷五十国朝：“汪鹏，鹏字翼沧，号竹里山人，钱塘人，客游日本，著《袖海编》”；吴寿旸《拜经楼藏书题跋记》

① 《自序》，《袖海编》，乾隆五十一年吴江沈氏世楷堂昭代丛书本。

卷四诸子杂家："渡海舆记、袖海编。钞本《渡海舆记》，不著撰人名氏，有雍正十年知将乐县事蜀周于仁序。《袖海编》，汪鹏撰，有乾隆甲申鹏自作序，二种合为一册。先君子手校，并记后云乾隆辛丑十月廿七日校于秦溪舟次，时与室人同送外氏葬还经乌夜邨小泊志"。

版本有乾隆五十一年（1786）吴江沈氏世楷堂昭代丛书本，每半页九行，行二十字，左右双边，有界栏，上单鱼尾，白口，版心上镌丛书名、中镌书名、卷次及页码，下镌"世楷堂藏版"。光绪十七年（1891）上海著易堂《小方壶斋舆地丛钞》第十帙收录全文。2014 年上海书店《丛书集成续编》第 65 册全文收录。另据吴秋红《他者之境：<袖海编>中的长崎形象》一文考证，清嘉庆间梁玉绳选取十六条编入《清白士集》，名为《日本碎语》，但其中部分内容并不见于《袖海编》。

9.《续琉球国志略》五卷，（清）费锡章辑

费锡章（？—1817），字焕槎，号西镛，积学工文，志存经世，清代文学家，浙江归安（今湖州）人，乾隆四十九年（1784）召试举人。清梁章钜《枢垣记略》卷十八："乾隆五十五年八月，由内阁中书充补官至顺天府府尹，赠兵部侍郎。"清吴孝铭《枢垣题名》、黄叔璥《国朝御史题名》亦有类似记载。有《来鹤堂文集》《一品集》《续琉球志略》《治平要略》《使黔集》等著作传世。

清嘉庆十三年（1808），工科给事中费氏为副使，随正使翰林编修齐鲲，奉诏册封琉球中山王尚灏。清梁学昌《庭立记闻》卷一："（费氏）于闰五月十一日自五虎门放洋，十七日抵其国。礼毕回舟，于十月九日自马齿山放洋，十七日抵闽省，两遇风暴，俱化险为平也。"清潘衍桐《两浙輶轩续録》卷十四、民国徐世昌《晚晴簃诗汇》卷一百五,均记载费氏出使期间清介自持，不辱君命，不受贿金，义正词严，为当时所称。是编五卷，乃费氏返程后所编，为进呈复命之书，与李鼎元《使琉球记》六卷、汪楫《中山沿革志》二卷、周煌《琉球国志略》十六卷、赵新《续琉球国志略》二卷等著作共同形成了数量众多，史料价值极高的琉球文献群，对于海洋史研究具有重要作用。

清丁仁《八千卷楼书目》卷八史部："《续琉球国志略》五卷，国朝费锡章撰，聚珍板本。"清刘锦藻《清续文献通考》卷二百六十七经籍考十一：

“《续琉球国志略》五卷，费锡章撰。”民国赵尔巽《清史稿》志一百二十八艺文二：“《续琉球志略》五卷，费锡章撰。”

版本嘉庆年间武英殿木活字印本，国家图书馆、上海图书馆有藏，卷前有王绍兰、沈乐善所作序，惜未见。另有清嘉庆间进呈抄本，署“齐鲲、费锡章辑”，故宫博物院有藏，2000 年故宫博物院编海南出版社《故宫珍本丛书》影印收录该书。

10.《使东诗录》一卷，（清）张斯桂撰

张斯桂（1816—1888），晚清秀才，浙江慈溪人，洋务运动的代表人物之一，清朝外交官，1861 年入曾国藩幕府，后应沈葆桢之邀到福建船政局工作。参与洋务运动期间，颇具战略眼光，功绩卓著。光绪二年（1876）赏加三品顶戴，奉命作为首次出使日本使团副使，与正使何如璋、参赞黄遵宪一行出使日本，考察学习，积极开展各种文化交流活动，学贯中西，成为中国最早“放眼看世界”的先驱者之一。光绪三年，访日期间著《使东诗录》。是书叙述其驻日期间的所见所闻，包括《轮船启程出洋》《傍晚国花脑山出大洋》《过绿水洋》《过黑水洋》《船中卧浪戏咏》《泊长崎》《游长崎街市》《游东京街市》《东京男子》《东京女子》《东京妇人》《改正朔》《易服色》《望雪山》《过火焰山》《火葬》《咏琉球》《海军士官学校》《东京师范学校》《幼儿园学校》《和竹添鸿渐赠诗原韵》《钓道具》《四海波》《八百屋》《御料理》《仙台味噌》《荒物类》《玉子场》《古帐买》《御入齿》《弹击所》《杨弓店》《髪鋏处》《吾妻桥》《仕立处》《大安买》《小间物》《大问屋》《两国桥》等，共 40 首，内容涉及赴日行程、日本习俗、教育、饮食、军事、商业等各个领域。是书是洋务运动时期产生的重要涉海游记，也是研究 19 世纪中期的日本状况的重要文献。版本有光绪十九年《小方壶斋丛书》本（据传钞本刻），1985 年岳麓书社据旧日本校点重印费成康校注，收入《走向世界丛书》。

11.《游历图经》六种及《不易介集诗稿》，（清）傅云龙撰

傅云龙（1840—1901），字楼元，一字懋元（懋垣），号醒夫，浙江德清人，晚清监生，聪颖好学，12 岁通经史诸子百家，嗜地理兵制。同治七年（1868）报捐郎中，同治八年入兵部武选司兼车驾司行走，光绪十二年

（1886）加三品衔充兵部则例馆修纂。光绪十三年参加总理衙门出洋游历官员选拔考试，名列榜首，受命赴日本、美国、秘鲁、巴西、加拿大、古巴等六国考察，历时两年。回国后据考察见闻，修纂了《游历图经》多种。

《游历日本图经》三十卷，分天文、地理、河渠、国纪、风俗、食货等十五类，卷末附多种图表，略古详今，对明治维新之后的事件所记尤详，用意不言自明。《游历巴西图经》十卷，分天文、地理、国系、风俗、食货、考工、兵制、政事、文学、叙例十类，包括中国巴西时里差表、地理图、邑表、人数系地表、进口出口货值表、大享年表、中国巴西度量衡比较表等五十三个子目，从政治、军事、经济、文化、地理、风俗等方面对巴西进行了全面介绍。《游历秘鲁图经》四卷，分天文、地理、国系、风俗、食货、考工、兵制、外交、政事、文学、叙例十一类，包括中国秘鲁较时里差表、地理图、人数系地表、分疆表、大事编年表、铁道表等四十三子目，从政治、经济、文化、风俗、地理沿革等对秘鲁进行了全面介绍。《游历英属地加纳大图经》八卷，分天文、地理、风俗、食货、考工、兵制、政事、叙例八类，介绍加拿大地理位置、历史沿革、政治制度、风俗人情等。其中详列铁道岁修增里表、铁道费年表、官工经费出入年表、考工杂识等目，又分述贸易、采矿、渔业、银行、学校等方面情况，卷末附有加拿大地图。另有《游历古巴图经》二卷和《游历美利加合众国图经》三十二卷。

所有图经均是对外国的调查报告，进而形成的著作，采用中国传统史地图经的体例，图、表、文三者结合，并有所创新。每种图经大致分为天文、地理、河渠、国纪、风俗、食货、考工、兵制、职官、外交、政事、文学、艺文、金石、文征等多个大类，再细分子目，内容包括国家概况、地理、历史、政治、外交、经济、军事、教育、风俗、文化、艺术和语言文字等多方面内容。《游历图经余纪》十五卷，系海外游记，为编年体，包括《游历地球图》一卷、《游历天时地理合表》一卷、《游历日本图经余纪》三卷、《游历美利加国图经余纪》四卷、《游历加纳大图经余记》一卷、《游历古巴图经余纪》一卷、《游历秘鲁图经余纪》二卷、《游历巴西图经余纪》一卷及《余纪叙例》一卷。《游历地球图》绘制了游历日本和南北美洲的路线图。《游历天时地理合表》则罗列他海外游历的详细日程、中西历对照、水陆里程和各地气候状况。其他游历余纪则是在各国的游历日记，具体记录游历旅程、行踪、考察、游览活动，著述情况及感想议论。

《不易介集诗稿》系海外纪游诗，游历六国时过程中的诗作，共六种九卷，包括《游古巴诗董》一卷，《游秘鲁诗鉴》一卷，《游巴西诗志》一卷，《游日本诗变》四卷，《游美利加诗权》一卷，《游加纳大诗隅》一卷。

清刘锦藻《清续文献通考》卷二百六十八经籍考十二著录："《游历日本图经》三十卷、《游历美利加图经》三十二卷、《游历秘鲁图经》四卷、《游历巴西图经》十卷、《游历加纳大图经》八卷、《游历古巴图经》二卷、《游历图经余记》十五卷，傅云龙撰。云龙字懋元，浙江德清人，直隶候补道。"清黎庶昌《拙尊园丛稿》卷四外编录《游历日本图经序》。民国赵尔巽《清史稿》志一百二十八艺文二著录："《游历巴西图经》十卷、《游历图经余记》十五卷，傅云龙撰"。

版本有《籑喜楼丛书》本。《游历日本图经》版本有清光绪十五年（1889）德清傅氏铅印本石印本，上海、南京图书馆有藏；光绪十五年日本铅印本。《游历巴西图经》清光绪二十七年铅印本，国家、天津、南京等图书馆有藏。《游历秘鲁图经》有清光绪二十七年铅印本，上海、天津，南京图书馆有藏；光绪二十八年铅印本，国家图书馆有藏。《游历英属地加纳大图经》有清光绪二十八年石印本，国家图书馆有藏。《游历古巴图经》和《游历美利加合众国图经》有清光绪十五年铅印本，国家、天津、南京等图书馆有藏。《游历图经余纪》有清光绪十五年铅印实学丛书本，国家图书馆、浙江图书馆有藏。2004 年王平主编上海古籍出版社《晚清东游日记汇编》影印收录了《游历日本图经》。

12.《东游日记》一卷，（清）黄庆澄撰

黄庆澄（1863—1904），字源初，又作愚初、虞初，号寿昌老人，别号思恢复生，浙江温州平阳县人，跌宕有奇气，天资超旷，师从里安孙诒让、金晦，博学多识。光绪二十年顺天举人，光绪二十五年（1899）创办我国最早的史学专业杂志《史学报》，光绪二十七年任温州蚕桑学堂堂长，光绪三十年创办我国最早的数学普及刊物《算学报》。黄氏毕生致力于教育、科技、实业。光绪十九年五月至七月赴日本考察，黄庆澄回国后将见闻感受撰写成《东游日记》。另编著有《中倭战守始末记》（署名思恢复生）、《中西普通书目表》等。

《东游日记》逐日记载黄氏赴日两月间的行程、见闻，颇为详尽，对东

京、西京、奈良、长崎、神户、大阪、横滨等城市的观感，对日本风土民情也有详细介绍，尤其是与日本各界学者进行了直接交流，书中对当时中国的闭塞落后的现状充满了担忧，对于国家的改革充满了热情，认为革兴刻不容缓，当“取泰西格致之学，兵家之学，天文地理之学，及彼一切政治足以矫吾弊者，及早毅然行之。勿以难能而馁其气，勿以小挫而失其机，勿以空言而贻于执者口实。勿以轻信而假浮躁者以权事”。孙诒让《东游日记·序》对黄氏及其著作评价道，“愚初之行也，盖欲谘其政俗得失，以上裨国家安攘之略……夫中外政治得失异同，其精微之故，文字不能宣。其奇伟广远者，又非下士所敢言。然则此册者，其粗觕之迹耳，何足以见愚初之志哉！然愚初之意甚盛，方将遍游五大洲，以扩其闻见。”[①]

清刘锦藻《清续文献通考》卷二百六十八经籍考十二著录“《东游日记》一卷，黄庆澄撰”。版本有光绪甲午刊本。1983 年王晓秋点校的《早期日本游记五种》湖南人民出版社,《走向世界丛书》之一种。2005 年上海古籍出版社出版陈庆念点校《东游日记》。

13.《谈瀛录》六卷，（清）袁祖志撰

袁祖志（1827—1898），字翔甫，号枚孙，别署仓山旧主，浙江钱塘（今杭州）人，袁枚之孙，长于诗文，咸丰十年（1860），署上海县丞，曾担任过江苏县令、同知等职，晚年结庐为吟社，称“杨柳楼台”。光绪二年（1876）上海官方创办《新报》，袁氏被聘为主编，在当时沪上影响颇大，袁氏也成为报业名士、上海洋场才子。光绪八年《新报》停办，次年袁氏随招商局总办唐廷枢出洋。据鄢琨《叙论：沪上文人笔下的西洋镜》所述，袁氏游历西欧期间，将见闻、感想、体悟通过电报形式，刊登于《申报》，其内容新奇，看点十足，引起了广泛兴趣，可谓一时轰动，洛阳纸贵。后将这些诗文汇编成《瀛海采问》《涉洋管见》《西俗杂志》《出洋须知》《海外吟》五书，并附旧作《海上吟》一卷，总名《谈瀛录》，光绪十年由上海同文书局石印出版，卷首有《香山徐润雨序》。袁氏另有《随园琐记》二卷。

关于《谈瀛录》卷次、内容记载不一。清刘锦藻《清续文献通考》卷二百六十七经籍考十一：“《谈瀛录》四卷，袁祖志撰……臣谨案是书其目曰：《瀛海采问》，曰《涉洋管见》，曰《西俗杂志》，曰《出洋须知》。”而

① 谭其骧主编:《清人文集地理类汇编（第 6 册）》，杭州：浙江人民出版社，1990 年，第 1067 页。

清丁仁《八千卷楼书目》卷九史部："《谈瀛录》六卷，国朝袁祖志撰，石印本。《西俗杂志》一卷，国朝袁祖志撰，刊本。"二者所记卷数、内容均有不同。2017 年岳麓书社出版《袁祖志瀛海采问纪实》(《走向世界丛书续编》之一)，六卷，包括《瀛海采问》《涉洋管见》《西俗杂志》《出洋须知》《海外吟》《海上吟》。

《瀛海采问》，或称《瀛海采问纪实》，一卷，前有《香山唐廷枢景星甫识》，内容包括法属西贡、英属新加坡、英属锡兰、英属亚丁、义属拿波利、义都罗马、法都巴黎、英都伦敦、德都柏林、荷都哈克、日都马得力、巴都希竦希，涉及越南、新加坡、锡兰、也门、意大利、法国、英国、德国、荷兰、西班牙、巴西等国的政令、民俗、疆土、武备、物产、制作。版本另有《小方壶斋舆地丛钞》本。《涉洋管见》一卷，前有《光绪十年甲申春二月世再侄同里陈衍昌拜序》，内容包括《泰西不逮中土说》《中西俗尚相反说》《火轮船不足恃说》《吕松烟一耗财说》《天主教穷源说》《鸦片烟探本说》等六篇说，《苏彝士河记》《钵碎驿记》《火山记》《潘比阿古城记》《火轮车记》《大教堂记》《义法道中山行记》《瑞士能湖山记》《赛鱼大会场记》《天士河记》《葡萄牙山城记》《大西洋登山记》等 12 篇游记。版本另有随园三十八种本、《小方壶斋舆地丛钞》本。《西俗杂志》一卷，前有《序》，内容包括西欧风俗礼仪，旁及市政、交通、邮政、货币、租赁、消防、保险、典当、监狱等。版本另有光绪二十二年(1896)《各国日记汇编本》《小方壶斋舆地丛钞》本。《出洋须知》一卷，前有《序》，可谓一本"出国指南"，内容包括洋面须知、疆土须知、船舶须知、程站须知、税务须知、银钱须知、言语须知、土产须知、气候须知、禁忌须知、嗜好须知、物价须知、衣服须知、食物须知、用物须知、药物须知。版本另有《小方壶斋舆地丛钞》本。《海外吟》一卷，前有《序》，内容包括赠章、海外吟上、海外吟下。版本另有《小方壶斋舆地丛钞》本。《海上吟》一卷，前有两《序》，内容包括海上吟题词、海上吟、译名简释。

《谈瀛录》所记多为当时国人见所未见、闻所未闻的海外奇闻。《涉洋管见》中《中西俗尚相反说》篇载："中土男贵于女，泰西则女重于男。中土一男可以兼妻妾数人至数十人不等，女子只事一夫。泰西则一女可以适数人，而男子不得兼妻妾，虽君主亦然。""中土主人宴客，主妇深居避面，不与客晤。泰西则主人宴客，必主妇出陪，且须挽上客之手，把臂入席，及离席时亦然。”“中土君贵民贱，銮舆不轻出宫，出必警跸。泰西则君与民服御不分，时时轻车入市，或入戏园。”凡此种种与当时中国的习俗形成了巨大反差。

袁氏作为新闻从业者，记录相对客观，职业的敏感让此书看点颇多，与传统的使臣出访著作差别较大，关注点偏于习俗、趣闻。袁氏以传统中国的三纲五常来衡量西方，虽然对许多方面表示认可，但依然认为西方无论如何发达也是蛮夷之邦，反映了当时社会知识阶层对西方的认知局限。

14.《欧游随笔》二卷，（清）钱德培撰

钱德培（1843—1904），字琴斋，号闰生，祖籍山阴（浙江绍兴），是晚清颇有影响的军事教育家和洋务运动实干家。其生于顺天（今北京）大兴县，早年地位不高，经世学问多赖自学，因参与平定太平天国有功，得以步入仕途，曾在江苏任县令、候补道员。钱氏因才学出众，李鸿章、张之洞等人均有意罗致帐前，曾受光绪帝亲自召见。其积极参与洋务运动，襄办北洋武备学堂，并创办江南陆师学堂及江西武备学堂等。其于光绪三年（1877）底随公使赴德，光绪九年 9 月回国，撰有《欧游随笔》。

是书为钱氏出使六年的日记。时间始于光绪三年十月十八日，止于光绪九年十月初九日。书中记载了航海往返沿途见闻及在德六年的亲身经历，所记资料可信度较高。如光绪三年十一月初一日关于新加坡土人及特产的记载，“土人肤黑唇红，披红花袈裟，耳鼻皆系以环。能英语者甚少。土籍者并不及闽广客户之多。夏令所食之江豆、茄蒲、王瓜诸蔬，在仲冬无不悉备。土产为佳纹席、粗藤、波罗蜜、蕉、鹦鹉、芙蓉鸟、各种螺壳”。[①]“光绪九年（1883）九月廿二日，抵槟榔屿。地亦属英，有炮台两座，亦旧式，泊有小兵船二艘。居民土人不及华人之多。建有庙宇会馆，分粤、闽两帮。长街数里，尽属华肆，大有粤东景象……英官之长者，出有华文告示，自称巡抚。以地论之，则吾华之一州县耳。”[②]钱氏在德时间最久，

① 林远辉，张应龙编：《中文古籍中的马来西亚资料汇编》，马来西亚中华大会堂总会，1998 年，第 610 页。

② 林远辉，张应龙编：《中文古籍中的马来西亚资料汇编》，马来西亚中华大会堂总会，1998 年，第 610 页。

对于德国社会面貌多有描绘，这期间发生的重要事件书中亦有所反映。值得一提的是钱氏还对潮汐这一事关海洋科学的自然现象提出了一己之见。是书记载涉及沿途海国岛屿的山川地理、风俗、宗教、军事等各个方面，颇有研究价值。

清丁仁《八千卷楼书目》卷九史部："《欧游随笔》二卷，国朝钱德培撰刊本"。清刘锦藻《清续文献通考》卷二百六十八经籍考十二："《瓯游随笔》二卷，钱德培撰，德培字琴斋，浙江山阴人，江苏候补道"。其中"欧"误为"瓯"。版本据《中国古籍总目》载《欧游随笔》有清光绪间刻本，国家图书馆、北京大学图书馆、南京图书馆、上海图书馆等馆有收藏。通行本乃王锡祺《小方壶斋舆地丛钞再补编》上海著易堂排印本，见第十一帙，卷首题"大兴钱德培撰"。小方壶本虽为排印本形制一仿刊本，仅行密字小而已。半页十九行，行四十字，四周双栏，有界格，单黑鱼尾，白口，版心上镌丛书名，中镌篇名、页码，下镌"上海著易堂排印"字样。

15.《扶桑两月记》不分卷，（清）罗振玉撰

罗振玉（1866—1940），字式如、叔蕴、叔言，号雪堂，晚号贞松老人、松翁。罗氏祖籍浙江上虞县永丰乡，生在江苏省淮安县，曾创办《农学报》、东文学社，著名学问家，于考古学、敦煌学、古文字学、金石学、目录学、教育学、农学等领域均有卓越建树，对于内阁大库明清档案的保护、甲骨文字研究、敦煌文献的整理等方面做出了巨大贡献。罗氏传世著作颇多，有一百八十多种，《扶桑两月记》是其中之一。

是书乃晚清日本考察记录，成书于光绪二十八年（1902）。光绪二十七年十一月，罗氏奉两江总督刘坤一与湖广总督张之洞之命，赴日本考察教育学务，次年初回国，历时两个月。是书记罗氏此次海国考察日记，考察重点在教育，参观学校，会见教育名家，搜集相关资料及教育改革变化文献，并对日本明治维新以来教育发展速度和普及状况发出了惊叹。"其教育之进步，洵可惊矣!"同时，罗氏还对风俗、铁路、财政、实业、科技等方面稽考颇详，指出日本发展迅速得益于对先进科学技术的学习，罗氏批判了国内因循守旧的保守主义做法，"冰寒青胜，前事可师，我邦人其勉，旃勿耻学步也!"是书为晚清学者的体验之作，对于研究当时人对海外世界

的认知及罗振玉的思想研究均有一定的史料价值。版本有光绪二十八年教育世界石印本。

罗振玉于宣统元年（1909）五月至七月再次赴日本考察教育，撰有《扶桑再游记》一卷，惜未刊行。

16.《日本师船考》一卷，（清）沈敦和撰

沈敦和（1856—1920），字仲礼，鄞县（今属浙江宁波）人，是我国慈善事业的先行者，知名的社会活动家，生长于茶商世家，自幼接受新式教育，及长留学英美，肄业于剑桥大学，侧重政法研究。归国后，入洋务重臣刘坤一幕，参与洋务，颇有才干，获得刘赏识，历任海关道、鱼雷学堂提调、海防粮台委员等职。1900 年 11 月八国联军进犯宣化、张家口一带，时沈氏在张家口效力，经过其极力周旋，二城得以保全，免遭荼毒。次年，任山西省洋务局督办，协助山西巡抚岑春煊办理教案。后又先后任上海江南水师学堂提调、吴淞自强军营机处总办、淞沪铁路总办、商务总会议董等职。沈氏在清末上海的政商两界均有重要地位，其最为世人称道的是为“中国红十字会运动”发展做出的巨大贡献。1904 年 3 月“上海万国红十字会”成立，沈氏任会长，以其出色的个人能力、崇高社会威望，成功推动了红十字会在中国的进步，积极展开各种救护活动，彰显了人道主义精神。

《日本师船考》是沈氏甲午中日战争之前考察日本后，关于日本海军的著作，成书当在光绪二十年（1894）之前。是书介绍了日本海军情况，包括日本战舰装备、马力、炮位、排水吨位等，如出现在甲午海战中的“吉野”舰，卷首有部分日舰照片。书中沈氏明确表达了自己的主张与忧虑，清朝应该积极富国强兵，加强水师建设，以抵御外国侵略。是书为甲午战前中国研究日本海军的重要著作，反映了当时对日本海军实力的认知与了解。不幸的是仅仅一年之后清朝便在甲午战争中惨败，值得深思。版本有光绪二十年（1894）江南水师学堂石印本，附在《日本史略》一卷（日冈本监辅编，沈敦和译）卷末。

沈敦和是晚清时期具有国际视野的精英代表，对晚清的世界局势多有观察与体会，著有《俄罗斯国际略》《英吉利国际略》《法兰西国志略》《德意志国志略》等书，均被收入《小方壶斋舆地丛钞》补编，光绪间排印本。

军事领域亦有多种:《管炮法程》四章沈氏重编光绪二十三年(1897)刻本、《德国军制述要》二卷沈氏撰刻本活字版本、《自强军西法类编》沈氏撰光绪石印本、《借著筹防论略》一卷附《炮概浅说》一卷沈氏译刻本。

17.《英法俄德四国志略》四卷，(清)沈敦和撰

作者参见《日本师船考》条。

沈敦和早年曾游历英法德俄等欧洲20余国，其《自序》言“于其国之语言、文事，积久有得。乃复周览其山川，熟察其政事，以逮于人民风俗，耳之所闻，日之所接，辄以西字笔之”。归国后“爰检校故纸，择其大者，分别条理。其有前人所已述，则采取他书，不复意补。积六十日，译成英、法、俄、德四国，名之曰《志略》”。[①]

是编即为沈氏游历期间的记录和见闻的整理汇辑，分为《英吉利国志略》《法兰西国志略》《俄罗斯国志略》《德意志国志略》等四卷，每一国均从沿革、疆域、藩属、政治、财赋、文学、武备、风俗、物产、货殖、制作等角度详细展开介绍。从沈氏《自序》言“方今中外辑睦，皇华诸使驻节海外，类多博闻亮达不辱命之臣，其所为料量荒服之情形，规测重洋之要害，必有鸿编巨帙，足以备廷采而固疆防。区区是《略》，百不逮一，世之览者，亦等诸海客谈瀛可矣”。可知，此书旨在为当时国人、使臣了解西方历史文化提供参考文献。

版本有清光绪十八年(1892)四明耳学庐刻本。卷前有杨岘题写书名，有“光绪十八年四明耳学庐开雕”牌记，有序三篇，分属“光绪十八年孟秋既望临川桂嵩庆”和“光绪壬辰八月愚弟元和江衡”，另有沈氏自序，卷末有崔鼎跋和何镛识。正文每半页八行，行二十一字，小字不等，白口，四周双边，单鱼尾。另有清光绪十八年(1892)刊本金陵刻本、清光绪二十二年(1896)上海图书集成印书局铅印本、光绪二十三年(1897)上海祥记书局石印本、清光绪二十八年(1902)山东书局石印本。

清末袁俊德辑《富强斋丛书续集》(又名《西学富强丛书续集》)、王锡祺《小方壶斋舆地丛钞》再补编第十二帙收录全文。

① 《沈敦和序》,《英法俄德四国志略》，清光绪十八年四明耳学庐刻本。

《英吉利国志略》一卷，收入王锡祺《小方壶斋舆地丛钞补编》第十二帙，乃节录沈氏《英法俄德四国志略》英国部分。

18.《中亚美利加五国政要》一卷，（清）郑昌棪撰

郑昌棪，浙江海盐人，生卒未详，曾任职江南制造局翻译馆，光绪年间参与翻译了医学、科技、军事等方面大量西学著作十六种，包括《列国岁计政要》十二卷、《铁甲丛谈》五卷图一卷、《前敌须知》四卷图一卷、《水雷秘要》五卷图一卷、《海军调度要言》三卷图一卷、《炮乘新法》四卷图一卷等，1885 至 1886 年还参与编辑了《西国近事汇编》卷二和卷三。《中亚美利加五国政要》一卷，乃域外地理著作。据《中华古文献大辞典·地理卷》：是书以美洲中部，即加勒比海西岸五个小国的土地面积、人口物产为主撰成，约二千二百字。记事止同治十二年（1873）。略记当时五国国民经济总产值，进出口总额等，并第一次登载考斯搭里噶（哥斯达黎加）贯通加勒比海和太平洋的铁路。版本有《小方壶斋舆地丛钞补编》本。郑氏另有《暹罗政要》一卷、《喀纳塔政要》一卷、《科伦比亚政要》一卷、《智利政要》一卷，均有《小方壶斋舆地丛钞》本。

19.《东藩纪要》十二卷补录一卷，（清）薛培榕撰

薛培榕（1835—1903），字梅溪，浙江平湖人，自幼好读书，太平天国时期参军，同治元年（1862）曾前往日本，光绪八年（1882）作为幕僚随军前往朝鲜。薛氏公务之余，留心搜集各类史乘、典籍，并考察走访，撰成《东藩纪要》十二卷。薛氏《自序》言："今岁六月之变，中朝间闻警，即命师东渡以镇抚，不旋踵而祸乱平。而我梅溪刺史适承其役，赞襄帷幄间，因得入其国都，询其风土，究其山川，访其政事，考其兵制，稽其户口，详其物产，核其国籍，荟萃而贯通之。此《东藩纪要》一书所由作也。"[①]归国后，薛氏颇受张之洞赏识，担任广州石井兵工总办，光绪三十年卒于任。有《东藩纪要》十二卷、《中外时务海防策要》四卷、《东槎纪略》五卷传世。

《东藩纪要》十二卷补录一卷，含地图十幅，为域外地理著作，卷前有平陵宠九蔡氏说，光绪八年上海葛其龙隐耕氏甫序，光绪八年南昌万□□盟

① 《自序》,《东藩纪要》，清光绪八年上海申报馆铅印本。

甫撰序，光绪八年吴承裕叙，薛培榕自序。卷一建都通故，卷二朝鲜舆地图、朝鲜舆地说，卷三舆地沿江滨海营堡驿路道里说，卷四朝鲜王城图、王城图说，卷五八道府州县距京道里识（附山川、郡名、物产、水陆贡道、水陆路程），卷六文武京官及八道守土官识，卷七八道府县城阵制、八道烽燧，卷八诸道兵舰总数、潮汐、京外水陆骑步兵各军、符信，卷九颁禄、服章、度量制衡、户口、田结、田赋、杂税、漕运、矿产、钱法，卷十历年参考，卷十一节录会通条例，卷十二朝鲜风俗记、附中国朝鲜商民水陆贸易章程，补录。卷末有光绪八年张天翔跋，薛氏跋。是编涵盖全面，结构严谨，可作一本志书体朝鲜简史观，但其出于军事目的，侧重点政事、兵制、地形、交通、风土等方面，记述方式上受到当时西方地理学的影响，并提出了薛氏还朝鲜与中国的相似性，当时局势，相关影响因素进行了分析，提出了发展农业、开发矿产、选将选才、练兵强国等建议。是编是当时众多朝鲜文献中的佼佼者，有珍贵的历史文化价值，在当时及后来都产生了一定影响，为中朝韩三方所重视。

《小方壶斋舆地丛钞》中收录的《朝鲜八道纪要》一卷、《朝鲜风土记》一卷、《朝鲜舆地说》一卷、《朝鲜会通条例》一卷，署名“平湖薛培榕”，均节录于是编。《朝鲜八道纪要》一卷，依次记京畿、咸镜、江原，庆尚、全罗、忠清、黄海、平安等八道所属各州、城等距京里数，别名、名山、大川，物产等。《朝鲜风土记》一卷，专记朝鲜语言，文字、礼仪、器用、物产、服饰等。《朝鲜舆地说》一卷，记朝鲜形势，及成镜、江原，庆尚、全罗，忠清、京畿、黄海，平安等八道历史沿革、山川地理等。

版本有清光绪八年（1882）上海申报馆铅印本，正文每半页十一行，行二十四字，四周双边，有界栏，上单黑鱼尾，白口，版心上镌书名、中镌卷次、下镌页码。《近代中国史料丛刊（第一辑）》影印收录全文。

20.《东游记》一卷，（清）吴钟史撰

吴钟史，浙江归安（今湖州）人，具体生平不详，曾应上海招商总局徐雨之，郑陶斋邀请赴朝鲜考察商务。《东游记》卷前小引言：“光绪八年岁次壬午三月十二日，晴，辰刻，上海招商总局徐君雨之、郑君陶斋两观察来书，邀赴高丽查看商务情形，以去岁朝鲜翰林院鱼允中一齐来华，禀请

李传相少荃派招商局员前赴彼国，酌设通商口岸，以兴市面也。”[①] 吴氏在朝鲜期间，对见闻、感受详加记录，形成了《东游记》《朝鲜风土略述》《高丽形势》《游高丽王城记》各一卷，先后发表于《申报》《益闻报》。《东游记》一卷，乃吴氏在朝日记，起自光绪八年三月十二日接到招商局邀约，止于四月二十日下午返回上海，前后近四十天，全书七千余字，记述行程、天气、公务、地理等内容，对入朝之后中朝双方的交接、见闻、风土所记尤详。是篇《小方壶斋舆地丛钞》第十帙收录。版本有清光绪十七年（1891）小方壶斋舆地丛本，每半页十八行，行四十字，四周双边，有界栏，上单鱼尾，白口，版心上镌丛书名、中镌书名及页码，下镌“南清河王氏铸版上海著易堂刊行”。

21.《朝鲜风土略述》一卷，（清）吴钟史撰

作者参见《东游记》条。

是篇为域外地理著作，七百余字，吴氏依其见闻，简述朝历史、地理、人口、矿产、风俗、宗教信仰、语言文字等方面，对于研究当时朝鲜的社会风貌有一定的史料价值。光绪十七年（1891）上海著易堂《小方壶斋舆地丛钞》第十帙收录全文。

22.《高丽形势》一卷，（清）吴钟史撰

作者参见《东游记》条。

是篇为域外地理著作，一千三百余字，简述高丽（朝鲜）的地理位置、经纬度、行政区划、各地间里程、物产、贸易等方面，包括京畿道、咸镜道、平安道、江原道、黄海道、忠清道、庆尚道、全罗道等八道。是篇吴氏结合朝鲜各道和当时的局势情况，指出了日本、俄罗斯的觊觎之心，简要提出了应对策略。光绪十七年（1891）上海著易堂《小方壶斋舆地丛钞》第十帙收录全文。

23.《游高丽王城记》一卷，（清）吴钟史撰

作者参见《东游记》条。

---

① 《引言》，《东游记》，清光绪十七年小方壶斋舆地丛，第十帙。

是篇为游记，六百余字，记述高丽（朝鲜）王城（即汉城）的地理位置，城四周的山川、民舍、街道、村落，以及服装、习俗等内容，如：“城之东，离城十余里，有天摩岭，崖峨山，险峻异常，可守可伏，殊有一夫当关，万夫莫开之势。城之东，居民稀少，市面清凉，土垣茅舍，错杂其间。城之北，则有各官衙署，瓦檐鳞比，间以茅舍。城之西南，商贾辐辏，牛驴络绎，实为繁盛之区。城之南，远望村落，宛若星罗。东西门外，村落虽不少，究不若城南之犹盛也。”[①] 是篇最早刊登于《申报》，光绪十七年（1891）上海著易堂《小方壶斋舆地丛钞》第十帙收录全文。

24.《中山见闻辨异》一卷，（清）黄景福撰

黄景福，钱塘（今浙江杭州）人，生平不详。是编为地理著作，据孙文良《清史稿辞典》，其概述了琉球历史、与中央政府的关系，琉球星野、地形、距中国里程、爵秩、朝服、文字、语音、兵备、刑法、公私田、货币、圣庙、国学、乡学、选举、图籍、气候、民俗、姓氏、游戏、神像、装束、祭祀、婚嫁、农作物、食物等内容。其中部分条目广泛参引《随书》《明一统志》、张学礼《使琉球纪》、陈侃《使琉球录》、谢杰《使琉球录》、汪楫《中山沿革志》、徐葆光《中山传信录》等有关琉球历史文化著作，对比辨异。清丁仁《八千卷楼书目》卷八史部：“《中山见闻辨异》二卷，国朝黄景福撰，刊本”。民国赵尔巽《清史稿》志一百二十八艺文二：“《中山见闻辨异》二卷，黄景福撰”。版本有清嘉庆间刊两卷本，未见。光绪十七年（1891）上海著易堂《小方壶斋舆地丛钞》第十帙收录全文。1987 年台湾大通书局诸家编著《清代琉球纪录集辑、续辑》，作为《台湾文献史料丛刊》标点收录全文。2012 年鹭江出版社《传世汉文琉球文献辑稿》收录全文。

25.《东游日记》一卷，（清）徐汾撰

徐汾，字大文，善刻印，钱塘（今浙江杭州）人，生平不详，著有《东游日记》一卷、《归槎日记》一卷、《游珲春记》一卷。《东游日记》一卷有清光绪二十六年（1900）铅印本，藏于上海图书馆，惜未见。

26.《归槎日记》一卷，（清）徐汾撰

作者参见《东游日记》条。

---

① 《游高丽王城记》，光绪十七年上海著易堂小方壶斋舆地丛钞，第十帙。

是编有清光绪二十六年（1900）铅印本，藏于上海图书馆，惜未见。

27.《归国日记》一卷，（清）王咏霓撰

王咏霓（1838—1915），字子裳，号六潭，浙江黄岩（清孙雄《道咸同光四朝诗史》甲集卷五载王氏为浙江天台人）人，光绪六年（1880）进士，官安徽凤阳府知府，曾长期在欧洲担任外交官，有《六潭诗钞》《函雅堂集》《书序考异》传世。

光绪十三年，王氏从欧洲归国途中绕游英、美、日本诸国，是编即为王氏这个时间段的日记，直记行程、见闻、感受，包括异域地理、风俗，特别是海外华人的生存、生活状态。如："光绪十三年四月三十日，（日本）东京城四重，为螺旋形，濠沟深广，顷王宫改造西式，尚未竣工。居民三十五万，华商六、七千人……横滨中华会馆有楹帖云：'福地枕蓬壶，采药灵踪，仙去尚留秦代迹；好风停桂棹，扶桑乐土，客来重访赖公碑。'南海陈文瑞笔也。又一联云：'上国此停踪，记从画鹢飞来，帆叶饱张青翡翠；仙瀛今在望，祇向金鳌踏去，钓竿艳拂紫珊瑚。'何文雄撰，黄敬佑书……"①

据陈左高《历代日记丛谈》中"王咏霓《归国日记》"条："是书首先涉及中日文化交流之盛事。如在日本遇见杨枢（星垣）、姚文栋（子良）、陶大均（杏南）等10余人。还与副岛种臣（前任驻华公使）即席唱和，播诸篇什。一时日本诗人宫岛粟香、向山黄村等与之联吟，嘤鸣会文，黄村且以新刻《游晃小草》投赠，彼此友谊，凝聚于翰墨之中。及至浅草寺，见'八岁童子有马赖之擘窠书浩气两字，笔势雄挺'。观赏挥毫，订为忘年交，频添中日交往之佳话。先此访美，载（旧）金山唐人街，有三邑、阳和、冈州、宁阳、合和、人和六会馆，且有丹山风、杏花村二所戏园，陈设雕镂、器用食物，俱沿华式、用华产、沿华礼，悬挂着不少中国书家作品。如阳和会馆门口，即有陈澧书联，句云：'阳光满大宅，和气泛天地。'顺及梁廷赞、彭禹廷等驻美行事。说者谓此记和陈兰彬《使美纪略》，并属晚清中美交往史料。"②

---

① 福建师范大学历史系华侨史资料选辑组编：《晚清海外笔记选》，北京：海洋出版社,，1983年，第88页。

② 陈左高：《历代日记丛谈》，上海：上海画报出版社，2004年，第168页。

是篇清杨晨《崇雅堂文稿》卷二可见，清末石印本，惜未见。光绪十七年（1891）上海著易堂《小方壶斋舆地丛钞》第十一帙收录全文本。1983年福建师范大学历史系华侨史资料选辑组编海洋出版社版《晚清海外笔记选》点校节选。

28.《癸卯旅行记》三卷，（清）钱单士厘撰

钱单士厘（1856—1943），字受兹，浙江萧山人，本姓单，婚后随夫姓，生于诗书之家，父单思溥，有文名，幼年失母依舅氏。其外祖父曾任清礼部尚书，舅父许任伯亦有著作多种。士厘自幼接受了良好的教育，直到29岁方才出嫁，读书学习时间长达20余年。其夫名钱恂（1853—1927），字念劬，号积跬步主人，思想进步，倾向自由民主，曾在清驻英、法、德、荷、意、俄、日等国使馆任职。光绪二十五年起，士厘随夫走出国门，以女性的视角观察域外世界，并将所见所闻撰写成《癸卯旅行记》和《归潜记》。士厘亦因之成为我国第一位撰写国外游记的女子。

《癸卯旅行记》系士厘自光绪二十九年（1903）二月十七日至四月三十日的日记，记载从日本前往俄国，途经东京、大阪、西伯利亚、莫斯科等地，历时80余日的见闻。钱恂《题记》称该行记“以三万数千言，记二万数千里之行程，得中国妇女所未曾有。方今女学渐萌，女智渐开，必有乐于读此者。故稍为损益句读，以公于世”。士厘在《自序》中亦讲到“我同胞妇女，或亦览此而起远征之羡乎？跂予望之”。该书涉及日本当时的教育、风俗及第五次博览会，以及沙俄的扩张野心等情况，还有诗作多篇，是研究晚清时期中俄、中日关系的参考文献。比如士厘敏锐地认为“日本之所以立于今日世界，由免亡而跻身于列强者，惟有教育故”。同时，作为我国第一部女子出国旅行记，是书也反映了晚清知识女性对域外的认知及思想变化。

版本有北京图书馆藏稿本、光绪三十年（1904）日本“同文印刷舍”刊本。1981年湖南人民出版社出版钟淑河主编“走向世界丛书”收录该书。

29.《归潜记》不分卷，（清）钱单士厘撰

作者参见《癸卯旅行记》条。

《归潜记》成书于宣统二年（1910），主要记载钱单士厘在意大利的见

闻，包括和古希腊罗马艺术文化、宗教源流，及其对中西文化交流的研究，将所见所闻所感与景物、历史融为一炉，分《彼得寺》《新释官·景寺之属》《章华庭四》《景教流行中国碑跋》《景教流行中国表》《摩西教流行中国记》《罗马之犹太区——格笃》《育斯》《马哥博罗事》《义国配章记》《奥兰琦——拿埽族章》《宝星记》12 篇。该书反映了新旧时代交汇时期我国知识女性的思想变化，对国家民族命运的思考，是研究我国妇女活动史和对外文化交流史的珍贵资料，颇具文献价值。版本仅存一部未完成的家刻本。钟淑河主编"走向世界丛书"（湖南人民出版社 1981 年出版）收录该书，后该丛书由岳麓书社重刊。

第二节　海运文献

现存欧洲最古老的航海图是 1275 年绘制的《比萨航海图》，比中国现存航海图早得多。我国古代多用漕运，海运则以近海为主，古人根据出海经验将航线、天气谚语等方面经验总结记录，实用性、科学性强。同时，鉴于海运的重要意义，积极开拓海运航线，元代末年天台人刘仁本与方国珍同县，曾入方国珍幕府，负责海路运粮事宜，撰有《江浙行省与复海道漕运记》一卷。明代更是出现了郑和下西洋这一航海史上的伟大壮举。

1.《郑和航海图》不分卷，（明）茅元仪编

茅元仪（1594—1640），字止生，号石民，又署东海波臣、梦阁主人、半石址山公，归安（今属浙江湖州）人，生于诗书之家，祖父为文学家茅坤。元仪喜兵农之道，好读兵书，熟悉边塞形势，谙熟用兵方略，志在经邦济世，曾任翰林院待诏、副总兵等职。参与明末辽东经略，随孙承宗督师辽东，颇有战功，崇祯四年（1631）获罪，遣戍福建漳浦，屡遭磨难，忧愤而死。著有《武备志》《督师纪略》《复辽砭语》《石民四十集》《暇老斋杂记》《野航史话》《石民赏心集》《谕水集》《江村集》《横塘集》等。钱谦益《列朝诗集小传》有传。

《郑和航海图》，原载于明代茅元仪编《武备志》，全名《自船厂开船从龙江关出水直抵外国诸番图》，原载明茅元仪编《武备志》卷二百四十《占度载·度五二》。《郑和航海图》约成书于明洪熙元年（1425）至宣德五年

（1430）间，初刊于明天启年间，是我国现存最早的海图。全图共 24 页，序 1 页，海图 20 页，过洋牵星图 2 页 4 幅（龙涎屿往锡兰过洋牵星图、古里往忽鲁谟斯过洋牵星图、忽鲁谟斯回古里国过洋牵星图、锡兰山回苏门答剌过洋牵星图），空白 1 页。其中航海地图高 20.3 厘米，全长 560 厘米，包含 500 个地名。起自南京，东出长江口，沿江苏、浙江、福建、广东等沿海地区南下，再向西经东南亚、南亚、西亚诸国到达非洲东海岸的慢八撒（今肯尼亚蒙巴萨）。图中还包括针路航线 109 条。该图是研究中国航海史、海图制图史和 16 世纪前中西海上交通史的珍贵文献。《武备志》清代长期被列为禁书，因此《郑和航海图》淹没 200 余年，直到清道光年间得以重刊。现存版本有明天启刊《武备志》本，清道光木活字本，日本刊本。

1961 年向达整理校注的《郑和航海图》作为《中外交通史籍丛刊》之一种由中华书局出版。1988 年由人民交通出版社出版、海军海洋测绘研究所与大连海运学院航海史研究室编纂的《新编郑和航海图集》对是图进行了较为详明的研究解读，绘制了对应的现代海图，将其分为南京至镇江、镇江至太仓、太仓至普陀山、普陀山至渔山列岛、渔山列岛至北麂山、北麂山至东引岛、东引岛至乌丘屿、乌丘屿至南澳岛、南澳岛至李山岛、李山岛至爪哇岛、苏门答腊岛及附近、马六甲海峡东部、印度洋北部、霍尔木兹海峡和阿拉伯海等部分。该新编图集古今对照，图文并茂，注释翔实，是有关郑和航海研究的重要成果。

2.《海运详考》一卷，（明）王宗沐撰

王宗沐（1523—1591），字新甫，号敬所，自号樱宁居士，浙江台州临海人，嘉靖二十三年（1544）进士，工诗文，与王世贞、李攀龙等文学家，酬唱为友。历任刑部主事、广西按察佥事、广东参议、江西参政、山西右布政使、山东左布政使、右副都御史、刑部左侍郎等职，有政声。隆庆五年（1571）为右副都御史，总督漕运，曾上书请复通海运，任山东布政使时为海运，有《宋元资治通鉴》《海运志》《海运详考》，另有《漕抚奏议》《敬所文集》等著作传世。《明史》卷二百二十三有传。

清永瑢《四库全书总目》卷八十四史部四十：《海运详考》一卷、《海运志》二卷，浙江范懋柱家天一阁藏本。明王宗沐撰。宗沐，字新甫，临海人，嘉靖甲辰进士，官至刑部左侍郎。事迹具《明史》本传。是编乃隆

庆六年二月，宗沐任山东布政使时议开海运而作，所载皆其议事呈文。是年七月，复锓《海运志》，于详考之外增入海运图，并海运路程，奏疏事宜。考宗沐官右副都御史总督漕运时，请复海运，其疏载所著《敬所文集》中，本传亦载其略。然史载“宗沐运米十二万石自淮入海，抵天津。南京给事中张焕言：‘比闻八舟漂没，失米三千二百石。宗沐预计有此，私令人籴补。米可补，人命可补乎？宗沐掩饰视听，非大臣谊。’宗沐疏辨求勘。诏行前议，习海道以备缓急。未几，海运至即墨，飓风大作，覆七舟。都给事中贾三近、御史鲍希颜及山东巡抚傅希挚俱言不便，遂寝。时万历元年也”云云。宗沐盖掇拾邱浚《大学衍义补》之陈言，以侥幸功名。不知儒生纸上之经济，言之无不成理，行之百不一效也。观于宗沐，可以为妄谈海运之炯戒矣。

《海运志》二卷和《海运详考》一卷，两书是在王宗沐将长期调查实践的经验见闻结合历代海运文献撰写而成的，考述了前代至明初海运的运行情况，分析利弊得失，以及当时积极开展海运的可行性，提出了详细的造舟通运计划，包括船厂选址、船只建造、水手招募、运作制度等各个方面。李春芳《贻安堂集》卷四《海运详考序》评价该书“详考海运，自前代迄国初……始之所以行，终之所以罢，如何而为利，如何而为弊，与夫法久变通之宜，造舟通运之制，考核区画，纤悉详明，览者不待其竟，而即知其必可行也。”①

《海运志》著录情况。明祁承㸁《澹生堂藏书目》：“《海运志》二卷，二册，王宗沐”。明孙能传《内阁藏书目录》卷六：“《海运志》二册全，隆庆壬申总漕王宗沐撰。又二册全”。清范邦甸《天一阁书目》卷一：“《海运志》二卷”。清黄虞稷《千顷堂书目》卷九：“王宗沐《海运志》一卷”。清嵇曾筠《(雍正)浙江通志》卷二百四十四：“《海运志》二卷，《内阁书目》，王宗沐编”。清嵇璜《续通志》卷一百五十九艺文略：“《海运志》二卷，明王宗沐撰”。清嵇璜《续文献通考》卷一百六十八经籍考：“王宗沐，《海运详考》一卷，《海运志》二卷。宗沐字新甫，临海人，嘉靖进士，官至刑部左侍郎”。清阮元《文选楼藏书记》卷三：“《海运》二卷，明王宗沐著，刊本。是书详载题请移册及海运记程事宜，并坿风雨占验”。清钱谦益《绛云楼书目》卷三：“《海运志》”。清钱曾《钱遵王述古堂藏书目录》卷四：“《海

① 《李春芳序》,《海运详考》，明崇祯平露堂刻《明经世文编》本。

运志》一卷，一本”。清徐乾学《传是楼书目》：“《海运志》二卷，明王宗沐，二本”。清张廷玉《明史》卷九十七志第七十三：“王宗沐《海运志》二卷”。

《海运详考》著录情况。清范邦甸《天一阁书目》卷一：“《海运详考》一册”。清徐乾学《传是楼书目》：“《海运详考》一卷，明王宗沐，一本”。清钱谦益《绛云楼书目》卷三：“《海运详考》”。清黄虞稷《千顷堂书目》卷九：“《海运详考》”。清嵇璜《续通志》卷一百五十九艺文略：“《海运详考》一卷，明王宗沐撰”。清阮元《文选楼藏书记》卷三：“《海运详考》一册，副都御史王宗沐著，临海人，刊本。是书详述海运变通之宜兴造舟通运之制”。清万斯同《明史》卷一百三十四志一百八：“《海运详考》”。

版本有明隆庆六年（1572）刊本、明崇祯平露堂刻《明经世文编》本。

3.《海运志》二卷，（明）王宗沐撰

参见《海运详考》。

4.《浙江海运漕粮全案重编》二十卷，（清）黄宗汉、（清）马新贻辑

黄宗汉（？—1864），福建晋江（今泉州）人，字寿臣，道光间进士。历任甘肃布政使、云南巡抚、浙江巡抚、四川总督。马新贻（1821—1870），回族，山东菏泽人，道光间进士，官宦之家出身，累官安徽建平知县、合肥知县、安徽按察使、布政使、浙江巡抚、闽浙总督兼通商大臣等职，曾参与平定太平天国运动，任职浙江巡抚时重视河工、盐政、海塘，为晚清能员，颇有政声。同治九年（1870）7月26日遇刺身亡，谥“端敏”。

全书共三编，初编八卷、续编四卷，为黄宗汉撰辑；新编八卷，为马新贻撰辑。卷首有马新贻、王凯泰、黄宗汉三人的序文，记述海运原委，咸丰、同治年间太平军占领扬州、镇江等漕运重镇，清政府被迫于咸丰三年（1853）将浙江漕运改为海运，是编即为当时海运的档案典册汇编，包括奏折、上谕、章程等。先按文档属性分类，再依时间顺序排列。初编卷一为省局事宜，所收文件时间起自咸丰二年九月，迄于三年三月；卷二为商船事宜，起自咸丰二年十月，迄于三年四月；卷三为经费事宜，起自咸丰二年十月，迄于四年七月；卷四为沪局事宜（内容为省局详天津道库长

垫浙江海运经费拨还请咨各件）；卷五为放洋巡护事宜，起自咸丰三年二月三；卷六为津局事宜，起自咸丰二年九月，迄于四年三月；卷七为运竣事宜（内容为片奏运海出力各员、先予超擢各件）；卷八为各项图说。续编卷一、二为商船事宜，卷三为娄局事宜，卷四为采办事宜。新编卷一为减漕事宜，卷二为省局事宜，卷三为商船事宜，卷四为经费事宜，卷五为沪局事宜，卷六为放洋巡护事宜，卷七为津局事宜，卷八为运竣事宜（附天津水次图记三幅）。

是书为清代海运史料，资料翔实，版本有清同治间浙江粮储道库刊本，半页十一行，每行二十六字，版心镌书名、卷数、目次、页码，白口，单黑鱼尾。全国图书馆缩微复制中心2005年版《中国边疆史志集成·海疆史志》（据同治浙江粮储道库刊本影印）收录其中新编部分八卷。

第三章　海洋军事文献研究

古代海洋军事文献，包括记述海上战事、缉击海盗、海疆防卫及海防策略等方面的资料。本章主要对记载方国珍海上军事活动、明万历间抗倭援朝、明代抗击倭寇、南明抗清、清初收复台湾、鸦片战争、中法战争镇海保卫战、中日甲午战争等重大海洋历史事件的文献进行了深入考察。

第一节　元末方国珍海上军事活动文献

方国珍元延祐六年（1319），生于浙江黄岩，又名谷珍，长期以佃农和贩私盐为业。元至正八年（1348）方氏与兄弟聚众起义，呼啸海上，成为元末一支重要的反元力量。之后二十年，方氏割据浙东宁、温、台等地，在元、朱元璋、张士诚、陈友谅等军事势力间，纵横捭阖，谋求生存，至正二十七年十一月彻底投降朱元璋。明洪武二年（1369），方氏领广西行省左丞，七年（1374）病死。明吴国伦《方国珍本末略》、清叶嘉纶《方国珍寇温始末》对元末方国珍在浙东沿海及海上活动有专门记载。

1.《方国珍本末略》一卷，（明）吴国伦撰

吴国伦（1524—1593），字明卿，号川楼子，文学家，明武昌府兴国州（今属湖北省阳新县）人。先祖从嘉禾迁居湖北，嘉靖二十九年（1550）进士，官至河南布政司参政，见《明史·文苑传》之《李攀龙传》。有《陈张事略》传世。

《陈张事略》凡《陈友谅本末略》《张士诚本末略》《方国珍本末略》三篇。方国珍，浙江台州黄岩人，元末明初浙东沿海农民起义领袖。是编乃《陈张事略》之一卷，略述方国珍在浙江沿海和海岛上的军事活动始末，叙述了方国珍集团在元末明初各个军事力量间的摇摆自保，重点介绍了方氏与朱元璋集团的反复斗争、合作以及最终投降的过程。是编过简，吴氏在卷前《自序》中言：“每闻祖父言国初陈友谅、张士诚事甚悉，因志其始末

大略，而以方国珍附焉。后阅《洪武日录》及诸野史所记载，往往不符，尚冀熟于掌故者，为我正之。”清永瑢《四库全书总目》卷六十六史部二十二“陈张本末略条”：“是书于陈友谅得姓为吏诸事，张士诚与李伯升等起事之由，方国珍弟国瑛、国珉诸人俱未胪叙。所载明初攻战诸事，更为疏漏。”即便如此，其史料价值也不应忽视，清周中孚《郑堂读书记》卷二十四史部十：“《陈张事略》一卷，借月山房汇钞本……今以此编核之明史各本传，大概相同，闲有刊落，则正史体例不采及野史，故也。其相同者，盖修史时亦采取是书云。”

清丁仁《八千卷楼书目》卷五史部著录“《陈张本末略》一卷附《方国珍本末略》一卷，明吴国伦撰，学海类编本”。清嵇璜《续通志》卷一百五十八艺文略著录“《陈张本末略》一卷附《方国珍本末略》一卷，明吴国伦撰”。清嵇璜《续文献通考》卷一百六十七经籍考著录“吴国伦《陈张本末略》一卷附《方国珍本末略》一卷。国伦字明卿，兴国人，嘉靖进士，官至河南布政司参政，《明史・文苑传》附见《李攀龙传》中”。

版本有借月山房汇钞本、道光十一年（1831）学海类编本。学海类编本正文每半页九行，行二十一字，左右双边，有界栏，上单鱼尾，白口，版心上镌丛书名、中镌书名，下镌页码。

2.《方国珍寇温始末》一卷，（清）叶嘉棆撰，（民国）刘绍宽增订

叶嘉棆（1744—1811），字秀林，号篔林，温州平阳人，出身书香门第，科场不顺，布衣终身，但其关心民瘼，潜心经史，著述甚丰，有《象义别闻》《诗义解颐》《史论》《东瓯建置考》《尚志堂稿》《仰止集》《卧游百咏》等20余种著作传世。

《方国珍寇温始末》一卷，即《方国珍乱郡考》，民国刘绍宽增订后更现名。刘绍宽《增订方国珍寇温始末序》曰：余少即闻吾乡叶篔林先生著有《方国珍乱郡考》，而未见其书。厥后叶生炼群从余游，以抄本见示。炼群，先生族孙也。余修《平阳县志》，尝再假阅之。今吾友黄子溯初来征是书，余复索诸炼群，久而得之，乃别一抄本，题曰《方国珍乱郡始末》。余谓是书体仿纪事本末，自名“始末”为宜，而“乱郡”之名亦有可商者。温州元时名路不名郡，明清以来改名为府，今称为郡，名实不应。且国珍

据有庆元、温、台三路，今统称曰郡，亦不知为何路?《传》曰:“兵作于内为乱，于外为寇。”国珍先据台、庆，后及温州，应名“寇温”为宜。遂改订其名为“寇温始末”。此本辗转传抄，误字极多，且原书征引，亦间有讹误之处。因取元、明两史，及诸州县志与他书之涉及方事者，逐加校考，其间彼此互讹者不一而足，乃为悉心是正。遂将原书遗者补之，误者订之，阅二十日而稿成。①

是书采用纪事本末体，按年记月，简述方国珍盘踞海上对温州进行的军事活动，起于元顺帝至正八年（1348）十一月，黄岩人方国珍起义入海，止于至正二十七年十二月，方国珍投降朱元璋。清孙诒让《温州经籍志》卷八史部纪事本末类著录:“叶氏嘉棆《方国珍乱郡考》,《宝香馆集》十七，未见。”版本有民国刘绍宽增订惜砚楼丛刊本。1929年瓯风社出版《方国珍寇温始末》。

第二节 明代万历援朝战争文献

明万历二十年（1592）四月，日本丰臣秀吉发动侵略朝鲜战争，明朝应朝鲜请求出兵援朝，万历二十三年议和，第一阶段结束。万历二十五年日军再次侵朝，明军再次入朝，次年最终取得了军事胜利，史称“万历朝鲜战争”，或称“万历朝鲜之役”“万历援朝”。此次援朝的成功朝鲜得以复国，沉重打击了日本政治军事实力，对东亚的政治军事局势产生了深远的影响。明代宋应昌撰《经略复国要编》、茅瑞征著《万历三大征考》、诸葛元声《三朝平攘录》等文献对此有详细记载。

1.《经略复国要编》十四卷，（明）宋应昌撰

宋应昌（1536—1606），字时祥、思文，号桐冈（或桐岗），浙江仁和（今杭州）人，嘉靖四十四年（1565）进士，抗倭将领。历任山西绛州知州、福建布政使、山东济南知府、副都御史巡抚山东、兵部侍郎等职，著有《道器图说》《心径茅锄》《窥测陈筌》《经略复国要编》等。曾预测倭寇将有侵朝之举，上《海防事宜》，防范倭寇，提出选将、练兵、积粟三策。万历二十年，日本丰臣秀吉侵犯朝鲜，宋氏出任兵部右侍郎，参与经略援朝、防

① （清）孙诒让:《温州经籍志》，上海：上海社会科学院出版社，2005年，第256-257页。

海、御倭，与李如松赴朝，屡败倭寇，收复平壤、开城、黄海、平安、京畿、江源等地。万历二十七年以功加右都御史。明黄汝亨《寓林集》卷十七有《宋应昌行状》。

是编乃宋氏东征朝鲜期间的文书、信函、奏疏、檄文等汇编，十四卷，二十余万言。民国缪凤林《经略复国要编提要》述其内容曰："首列神宗敕谕及《华夷沿海图序》《沿海四镇朝鲜图》及图说。图与图说，即二十二年三月进呈底稿。序则述任事之终始与绘图为说之本末也。次附朝鲜乞援疏及部垣台谏条议疏略，略可考见朝鲜危急及廷臣论议之状次。正文十四卷，所载疏奏移檄等题目，下附记月日。卷一至卷七，自二十年九月讫二十一年三月，每卷一月；卷八至卷十二，自二十一年四月至闰十一月，除卷十为一月外，余皆二月；卷十三自十二月至二十二年三月，卷十四自四月至十月，则辞职交代及当辞职前与辞职后之奏疏也。末附兵部、礼部等章疏及日使小西飞禀帖。"①

是编为战时第一手资料，颇为珍贵，每种资料均注明日期，查阅便捷，可为研究当时政治、经济、兵制及边防等提供可靠依据，亦可与瞿九思《万历武功录》、诸葛元声《两朝平攘录》、萧应宫《朝鲜征倭纪略》、茅瑞征《万历三大征考》、钱世桢《征东实纪》、黄俣卿《倭患考原》等著作互为补充。是编记述援朝抗倭史事的同时也反映了宋氏的海防经略思想。此书只收录了宋氏发出的文献，宋氏收到的文献为收录，明显存在问题，似有自我辩护之意。《四库全书总目》"两浙兵制"云："应昌所著《经略复国要编》，于李昖之奏、许豫之侦、辽东巡按之讦，概不录入，则自张其功而匿其短也，此书（《两浙兵志》）又可以勘其谬矣"。②

清丁丙《善本书室藏书志》卷七："《经略复国要编》十四卷附一卷，明刊本。万历二十年九月二十六日敕兵部右侍郎宋应昌。近因东夷陷没朝鲜，谋犯中土，叠据李昖奏报，并边吏上闻虽申饬督抚镇道，并添设练兵阅兵，犹恐御防难于兼济，特命前去蓟辽、保定、山东等处经略军务云云。应昌誓众渡河兵薄平壤大破之，并烧龙山仓十三座。敌不得食，遁去。索回王子陪臣宫眷全复其国，卒致仇嫉交攻，几遭不测，因纪此要编。首列沿海四镇、朝鲜图说、朝鲜乞援疏、部垣台谏条议疏略，并应昌疏奏文移

① 缪凤林：《经略复国要编提要》，《史学杂志》，1933年第2期。
② 清永瑢《四库全书总目》卷一百子部十"两浙兵制"。

檄牍函札排次载之。应昌字思文，仁和人，嘉靖乙丑进士，出为绛州守，擢都察院右副都御史，巡抚山东，今孩儿巷西有经略华夷石坊即因此而表里也”。

清丁仁《八千卷楼书目》卷四史部：“《经略复国要编》十四卷，明宋应昌撰，明刊本”。清徐乾学《传是楼书目》：“《经略复国要编》十二卷，明宋应昌，五本”。清姚觐元《清代禁毁书目四种》：“《经略复国要编》，明宋应昌撰”。

是编约成书于万历二十三年（1595），乾隆时列为禁书，传本较为稀见。版本有万历间初刊本，正文每半页十行，行二十一字，上单白鱼尾，白口，四周单边，有界栏，版心上镌书名、中镌卷数，下镌页码，台湾“中央图书馆”藏。1986年刘兆祐主编台湾学生书局出版《经略复国要编》（据此万历刊本影印），收入《中国史学丛书三编》。1973年沈云龙选辑文海出版社《明清史料汇编八集》、1990年全国图书馆文献缩微复制中心《壬辰之役史料汇辑》（据1929年江苏省立国学图书馆影印本影印）、1997年北京出版社《四库禁毁书丛刊》史部（据明万历间刻本）影印收录全文。

2.《万历三大征考》三卷，（明）茅瑞征撰

茅瑞征，浙江归安（今吴兴）人，字符仪，号伯符，自号苕上愚公、澹泊居士、清远居士等，生卒年不详。万历年间考中进士，先后做过泗水县、黄冈县知县，擢升为兵部职方司主事，为此著《万历三大征考》一书自效。后官至南京光禄寺卿，壮年以后即解职归田，从事著述活动。除本书外，其著作尚有《皇明象胥录》《虞书笺》《东夷考略》《澹泊斋集》等。

是编成书于天启元年（1621），共分“哱氏”“倭上”“倭下”“播州”四大部分，记事采用纪事本末体。主要内容记述了万历二十年（1592）至万历二十八年间，明朝三次大规模用兵的经过。其“哱氏”篇，记叙了万历二十年宁夏致仕副总兵哱拜，杀死巡抚都御史党鉴、副使石继芳，拥兵占据宁夏城，勾结俺答作乱，明朝派兵历时九个月平定了这次叛乱。其“倭上”“倭下”两篇记载了万历二十年日本入侵朝鲜，明朝派兵援朝，战和几经反复，相持8年，才取得了胜利。其“播州”篇，记载了万历二十五年（1597）播州宣慰使杨应龙起兵叛乱，历时3年才诛平。此外，该书有五幅附图，分别为《宁夏总图》《日本总图》《岛夷入寇之图》《辽东连

朝鲜图》《播州总图》，其中日本总图和岛夷入寇之图引自《筹海图编》一书。是书于叙事外，另以眉批评论战略战法之得失。取材于公文奏报，杂以见闻，记事翔实，颇具识力，行文朴质无饰而有条理。

明祁承爜《澹生堂藏书目》：“《万历三大征考》三卷，一册”。清万斯同《明史》卷一百三十四志一百八：“茅瑞征《万历三大征考》五卷（哱氏、关白、杨应龙）”。清张廷玉《明史·艺文志》卷九十七志第七十三：“茅瑞征《万历三大征考》五卷（哱氏、关白、杨应龙）”。

版本有明刊本，《续修四库全书》436 册影印收录，前有天启改元中秋日东园老人三大征考叙、天启辛酉初夏清远居士三大征考序，正文每半页九行，行十九字，有眉批，上单黑鱼尾，白口，四周单边，无界栏，版心上镌书名、中镌卷名，下镌页码，卷末附《日本岛夷入寇之图》等多图。另有 1934 年燕京大学图书馆丛书本，1971 年沈云龙编文海出版社出版的《明清史料汇编七集》影印收录。

3.《两朝平攘录》五卷，（明）诸葛元声撰

诸葛元声，号味水外史，生平不详，诸生，会稽（今浙江绍兴）人，万历九年（1581）到云南临元道作幕客三十余年。史载元声博通古今，据所见所闻，参阅各家史籍，万历三十四年撰成《两朝平攘录》。

是书凡五卷，记述明穆宗隆庆、明神宗万历两朝国内国外五事，卷一《顺义王（三娘子附）》，卷末附《顺义王赞》；卷二《都蛮》，卷末附《平都蛮赞》；卷三《宁夏》，卷末附《平宁夏赞》；卷四《日本（朝鲜附）》，卷末附《平白关赞》；卷五《播州》，卷末附《平播赞》。主要叙述明隆庆时期封俺答、万历间平都蛮、宁夏、抗倭、定朝鲜等事件。每卷一事，追溯起因，详录经过，卷末附有赞评，可与明李化龙《平播全书》互相参考。其中卷四详细记述了万历二十年和万历二十六年，明朝出兵与朝鲜军民共同击败日本两次侵略的经过，并记载了当时日本与朝鲜两国的历史、疆域、区划、港口、风俗等，以及两国与明朝的交往情况。日人川口长孺之《征韩伟略》，多有引用。是书是研究明朝与日、朝关系的重要史料。

明祁承爜《澹生堂藏书目》：“《两朝平攘录》九卷，八册”。清嵇璜《续通志》卷一百五十八艺文略：“《两朝平攘录》五卷，明诸葛元声撰”。清嵇璜《续文献通考》卷一百六十三经籍考：“诸葛元声《两朝平攘录》五卷，

元声会稽人”。清万斯同《明史》卷一百三十四志一百八：“诸葛元声《两朝平攘录》五卷，会稽人”。清张廷玉《明史·艺文志》卷九十七志第七十三：“诸葛元声《两朝平攘录》五卷”。

清永瑢《四库全书总目》卷五十四史部十：“《两朝平攘录》五卷（浙江巡抚采进本）。明诸葛元声撰。元声，会稽人。是书凡纪五大事。考《明史》载，隆庆五年三月己丑，封俺答为顺义王。六月甲寅，顺义王俺答贡马，告庙受贺。丙辰，俺答执赵全馀党十三人来献。此书卷一纪其事。又万历元年九月丙戌，四川都掌蛮平。此书卷二纪其事。又万历二十年三月戊辰，宁夏致仕副总兵哱拜杀巡抚党馨、副使石继芳，据城反，壬申，总督魏学曾讨宁夏贼。秋七月，以叶梦熊代之。九月壬申，宁夏贼平。十一月壬辰，御午门受宁夏俘。此书第三卷纪其事。又万历二十年五月，倭犯朝鲜。二十一年正月，李如松攻倭于平壤，克之。四月，倭使小西飞纳款。二十四年九月，平秀吉复攻朝鲜。二十六年十二月，总兵官陈璘破倭于乙山，朝鲜平。此书第四卷纪其事。又万历二十五年七月，杨应龙叛，掠合江、綦江。二十八年二月，李化龙帅师分路进讨播州。六月，克海龙囤，杨应龙自缢，播州平。是书第五卷纪其事。卷首有万历丙午《商濬序》。考丙午为万历三十四年，则元声之成是书，得之目睹为多也”。

版本有万历三十四年（1606）商濬刻本，卷首有万历丙午商濬序及王泮序，正文半叶九行，行十九字，小字双行，单黑鱼尾，四周单边，无界格，版心镌书名、卷次、页码，通篇楷体书写类钞本。2002 年上海古籍出版社《续修四库全书》史部杂史类即影印收录了商濬刻本全文。北京图书馆和中央民族学院图书馆藏有是书的清钞本，1980 年书目文献出版社据此本影印出版。另有 1969 年台湾学生书局影印本，1993 年巴蜀书社出版《中国野史集成》影印本。

另有《三朝平攘录》六卷，事关嘉靖、隆庆、万历三朝六事。是书在《两朝平攘录》的基础上增加了《倭寇》一卷，作为首卷。该卷记载嘉靖年间击败海盗、海寇事件，卷末附有《巡海防图说》《龛山凯歌》四首。版本有清钞本，半页九行，每行十七字，无边栏界格，毛边纸。

4.《三朝平攘录》六卷，（明）诸葛元声撰

见《两朝平攘录》条。

第三节 明代抗倭文献

元代吴莱《渊颖吴先生文集》卷五《论倭》，专门介绍日本的地理方位优势，与中国的交往与用兵历史事件，元代倭寇对我国东南沿海的巨大危害，吴氏认为："为今之计，果出兵以击小小之倭奴，犹无益也。古之圣王，务修其德，不敢勤兵于远。当其不服，则有告命之词而已。今又往往遣使臣，奉朝旨，飞舶浮海，以与外夷互市，是有利于远物也，远人何能格哉！[①]明确指出了日人目的在于"互市"，通过贸易获取利益，这一核心问题。明代倭寇几乎贯穿始终，尤其以嘉靖年间最为猖獗。浙江是遭受倭乱危害最大，抗倭军事活动最多的地区，关于倭患原因、战争始末、抗倭策略等方面产生了大量文献，颇有史料价值。

1.《日本考略》一卷，（明）薛俊撰

薛俊，字梓山，浙江定海（今宁波镇海）人，北宋名臣薛朋龟八世孙。薛俊承续家风，自幼刻意问学，有文名，威望素著，曾任常州训导，浮梁教谕。《定海厅志》载俊"以文行董率诸生，人谓其'无愧朋龟之后'云"。明嘉靖二年（1523）发生了"宁波之乱"。薛俊认为海防之事至关重要，《自序》中讲到"语音不寄，则向背罔知；事体不谙，则情伪莫测；计御不密，则边陲失守，然亦不可不加之意也"。于是纂辑《日本考略》一卷，"以便御边将士之忠于谋国者究览"。[②]

是编又名《日本国考略》，约两万言，为海防所作，以防御为主，兼及国土风俗，共分沿革略、疆域略、州郡略、属国略、山川略、土产略、世纪略、户口略、制度略、风俗略、朝贡略、贡物略、寇边略、文词略、寄语略、评议略、防御略等 17 部分，内容较为全面系统。"寇边略"指出日本"狼子野心，剽掠其本性也。魏、隋、唐、宋以来，虽屡朝贡，厚叨赏赉，又屡寇边隅，历数倭寇作乱危害"；"防御略"中从粮饷配给、战法战略、武器装备等多个角度论述了抗倭的策略，提出严行制度、磨砺器械，积极备战，发动群众等具体方法。该书涉及面广，叙述简略，不免疏漏。《自

① 元吴莱《渊颖吴先生文集》卷五《论倭》，元刻本。
② 《日本考略序》，王云五编《丛书集成初编·海录及其他三种》，商务印书馆，1936 年。

序》中提到“谓之考者，历稽载籍及广，诹故老所闻，而非凿空以愚人也。谓之略者，事不关要，姑迷其概，而不条为之赘也”。但作为中国人撰写的第一部日本研究专著，其开创之功，自不可没。

明焦竑《国史经籍志》卷三史类：“《日本考略》二卷，薛俊”。明祁承㸁《澹生堂藏书目》：“《日本考略》一卷”。明朱睦㮮《万卷堂书目》卷二：“《日本考略》二卷，薛俊”。清代范邦甸《天一阁书目》卷一：“《日本考略》一卷”，又卷二之二史部：“《日本考略》一卷，刊本，明薛俊撰。金陵王文光重刊并序”。清黄虞稷《千顷堂书目》卷八：“薛俊《日本考略》三卷，定海人，常州训导”。清嵇曾筠《（雍正）浙江通志》卷二百四十四：“《日本考略》二卷，《筹海图编》，定海薛俊撰”。清嵇璜《续通志》卷一百五十九艺文略：“《日本考略》一卷，明薛俊撰”。清嵇璜《续文献通考》卷一百七十一经籍考：“薛俊《日本考略》一卷，俊定海人”。清钱谦益《绛云楼书目》卷一：“《日本考略》”。清阮元《文选楼藏书记》卷三：“《日本考略》一卷，明诸生薛俊著，定海人，刊本。是书记日本国事迹列治革至防御为十六门，后有补遗”。清万斯同《明史》卷一百三十四志一百八：“薛俊《日本考略》三卷，定海人，常州训导”。清张之洞《书目答问》史部：“《日本考略》一卷，明薛俊，得月簃初刻本”。

清永瑢《四库全书总目》卷七十八史部三十四：“《日本考略》一卷（浙江范懋柱家天一阁藏本），明薛俊撰。俊，定海人。嘉靖二年，日本国使宗设来贡，抵宁波。未几，宋素卿等亦至。互争真伪，自相残杀。所过州县，大肆焚掠。浙江濒海之地，人民苦之。俊因纂辑是书，大略言防御之事为多，而国土、风俗亦类入焉。然见闻未广，所辑《沿革》《疆域》二略，约举梗概，挂漏颇多。属国中兼及新罗、百济等国，不知新罗、百济在宋时已为朝鲜所并，其时并无是国矣。又序世系但及宋雍熙以前，而不载元以后国王名号，亦疏漏也。”

明陈全之《蓬窗日录》卷二收录全文，嘉靖四十四年刻本。明陈子龙《明经世文编》卷二百六十七选录，明崇祯平露堂刻本。明胡宗宪《海防图论》选录，清咸丰长恩书室丛书本。

版本有明嘉靖四十四年《蓬窗日录》本，《得月簃丛书》本，《丛书集成初编》本。

2.《嘉靖平倭祇役纪略》六卷，（明）赵文华撰

赵文华（？—1557），字远质，号梅村，浙江慈溪人，嘉靖八年（1529）进士，授刑部主事，有文才，性狡诈，事严嵩为父。嘉靖三十四年，倭患日炽，文华献平倭策，以工部侍郎巡视东南防倭事宜，窃据总督张经战功，升任工部尚书，构陷张经、李天宠等有功将领，致张、李等人被冤杀，依靠胡宗宪平定徐海、陈东等倭寇，献俘还京。后革职为民，嘉靖三十六年暴毙。

是编六卷，杂史，为赵文华在嘉靖三十四年至三十六年关于抗倭的疏奏、表文、书札及咨、谕等资料的汇集。卷首载嘉靖帝敕谕四道。包括《条陈海防疏》《贼情疏》《剿剧贼疏》《论日本疏》《会剿陶镇贼劾将领疏》《论曹巡抚疏》《浙东获功疏》等大量战时文献。作者著述意在夸饰己功，客观上也反映了嘉靖年间倭寇的产生原因、人员组成、危害程度，及平定倭寇的经过。对于明代抗倭的深入研究颇有参考价值。

该书赵文华生前曾有刻本，因其人品格卑下，为人不耻，其书亦未见著录。版本有明嘉靖刻本；1959 年扬州古旧书店据明嘉靖本重校刊行，扬州人民出版社；1961 年《嘉靖平倭祇役纪略》六册，线装本，江苏人民出版社出版。

3.《海寇议》一卷，（明）万表撰

万表（1498—1556），字民望，号九沙山人、鹿园居士，鄞县（今属浙江宁波）人，生卒不详。好读书，通经典，谙兵法，文武兼备，明正德十五年（1520）中武进士。嘉靖四年（1525）升任浙江掌印都指挥，累迁南京中军都督府佥事，嘉靖三十四年任浙直海防总兵，时值倭患严重，万氏长期在江浙进行抗倭活动，甚至“结少林僧习格斗法，屡歼其众”，功绩卓著。

是书一卷，杂史，两千五百余言，概述了以汪直、许二等人为首的各个倭寇团伙的发展始末，及其给江浙一带带来的严重危害。颇有识见地指出海禁松弛、部分官民追逐不当利益，私通倭寇是倭患猖獗的根本原因，并认为根除倭患的办法不是开放海禁通商，“市一开而全浙危矣”，应该严厉实行海禁，严惩涉海者，使“人皆始知惧法，无敢窥海者”。《四库提要》

称万氏有“其所言之具先见也”。从历史发展的角度看，这种思想显然具有极大的局限性，在当时亦颇有代表性。该书所述事件与史实相合，是研究明后期东南沿海防御倭患的重要资料。

明焦竑《国史经籍志》卷一制书类：“《海寇前后议》二卷，范表”。明朱荃宰《文通》卷二十七：“《海寇前后议》”。清黄虞稷《千顷堂书目》卷八：“万表《海寇前后议》一卷”。清嵇曾筠《(雍正)浙江通志》卷二百五十四：“《海寇前后议》二卷，焦氏《经籍志》，万表撰”。清丁仁《八千卷楼书目》卷十子部：“《海寇议》一卷，明万表撰，泽古堂本，金声玉振本”。清钱维乔《(乾隆)鄞县志》卷二十一：“万表《海寇前后议》二卷，焦氏《经籍志》《明史艺文志》作范表《前后海寇议》三卷”。清嵇璜《续通志》卷一百六十一艺文略：“《海寇议》一卷，明万表撰”。清嵇璜《续文献通考》卷一百八十三经籍考：“万表《海寇议》一卷，表见杂家类。臣等谨案：嘉靖时海寇出没为浙江患，表推原祸本，以为奸民通番所致，因为此议上之当事者，考黄虞稷《千顷堂书目》载表《海寇前后议》一卷，今已佚其后议”。清张廷玉《明史》卷九十七志第七十三：“万表《前后海寇议》三卷”。

清永瑢《四库全书总目》卷一百子部十：“《海寇议》一卷（户部尚书王际华家藏本），明万表撰。表字民望，鄞县人。正德末武进士，累官都督同知佥事，南京中军都督府。时值海寇出没，为江浙患，表推原祸本，以为奸民通番者所致。因为此议，上之当事，历叙逋逃啸聚始末甚详。其后倭乱大起，表结少林僧，习格斗法，屡歼其众。盖本能以才略自显者，宜其所言之具有先见也。案黄虞稷《千顷堂书目》，载表海寇前后议一卷。此乃袁褧采入《金声玉振集》者，所录仅一卷。疑已佚其后议，又讹万为范，尤为失考矣。”

部分目录著录为“《海寇前后议》一卷”，今后议已失。而清冯桂芬《(同治)苏州府志》卷一百三十九、黄虞稷《千顷堂书目》卷五、万斯同《明史》卷一百三十四志一百八，则将作者著录为“范表”，当为“万表”之误。

明代林希元《林次崖文集》卷十一论说议，收录全文。版本有明泽古堂本、《金声玉振》本，嘉庆间刻本，《丛书集成初编》本。

4.《备倭记》二卷，（明）卜大同撰

卜大同（1509—1555），字吉夫，号监泉，浙江秀水（今嘉兴）人，嘉

靖十七年（1538）进士，生卒不详，谙熟兵法，历任刑部主事官、湖广按察使佥事，后平定苗乱之功，升福建巡海副使等职。清盛枫《嘉禾征献录》卷三十一有传。其在福建任巡海副使期间，倭寇猖獗，卜氏革兴边备，倭寇不敢侵犯，闽海安宁。《备倭记·序》言："夫舟帅之设亦轨事之大者也，而今多失其故实焉。岂所以跨海内制倭夷之术哉！然惟治理废兴，虽以古今时变，所贵载在方策有明征焉。是俾后之人得以按籍而修其政也！" ①

是书乃卜大同于福建巡海副任上，为讲求备倭而作，共二卷，16000余字。上卷分制置、方画、将领、士卒、烽堠、险要、战舸及边储等八篇；下卷分奏牍、策议两篇。原书卷首有海图，名《备倭图记》，图已佚失。

清丁仁《八千卷楼书目》卷十子部："《备倭记》二卷，明卜大同撰。学海类编本"。清嵇璜《续通志》卷一百六十一艺文略："《备倭记》二卷，明卜大同撰"。清嵇璜《续文献通考》卷一百八十三经籍考："卜大同《备倭记》二卷。大同字吉夫秀水人，嘉靖进士，由刑部主事累迁湖广按察使佥事、布政司参议。弭蕲、黄盗及平苗有功，终福建巡海副使。臣等谨案：是编乃大同官福建时讲求备倭而作，上卷分八篇，下卷分二篇，所言颇简略不足以资考核。其书本名《备倭图记》，原本卷首尚有海图，此本佚之"。

清永瑢《四库全书总目》卷一百子部十："《备倭记》二卷（编修程晋芳家藏本），明卜大同撰。大同字吉夫，秀水人。嘉靖戊戌进士。由刑部主事历任湖广按察司佥事。弭蕲、黄盗有功，升布政司参议。又有平苗功，终于福建巡海副使。是编即其官福建时讲求备倭之术而作也。上卷分八篇，曰制置，曰方画，曰将领，曰士卒，曰烽堠，曰险要，曰战舸，曰边储。下卷分二篇，曰奏牍，曰策议。所言颇简略，不足以资考核，又喜征古事，尤属空谈。其书本名《备倭图记》，原本卷首尚有海图。此本佚之，遂并书名删去图字。然浙江鲍士恭家藏本尚题《备倭图记》也。"

《四库全书》收录全文。版本有道光十一年（1831）六安晁氏木活字《学海类编》本，北京图书馆等有藏。另有《四库全书》本，《丛书集成初编》本。1995年齐鲁书社出版《备倭记》。

①《中国野史集成》编委会、四川大学图书馆编：《中国野史集成》，成都：巴蜀书社，第24册，第500页。

5.《嘉靖东南平倭通录》一卷，（明）徐学聚撰

徐学聚，字敬舆，生卒不详，浙江兰溪人，万历十一年（1583）进士，初授浮梁知县，后历任礼部给事中、湖广佥事、山东提学副使，官至副督御史，巡抚福建，辑《国朝典汇》，《通录》是其中的“日本”篇。

是篇一卷，杂史，约明末已节录单行。该书按年系月，契纲撮要，通述明嘉靖三十一年（1552）至四十三年（1564）倭寇扰乱东南沿海及平倭经过，以洪武初年朱纨抗倭落笔。地理范围涉及广泛，包括直隶、江浙、福建、广东等沿海诸省，以东南为侧重。书末还附有“隆庆平倭”一则，及《国朝典汇》一百六十九卷“兵部三十三”中洪武二年（1369）至嘉靖二十七年（1548）百余年间与日本往来的重要史实。此书可作一部明代倭患史略观。

清丁仁《八千卷楼书目》有著录，无“东南”二字，“嘉靖平倭通录一卷，不著撰人名氏，抄本。”

版本有《国朝典汇》本，明抄本。1943 年盋山精舍据抄本影印本，内页有“壬申六月盋山精舍印行劬堂”牌记；1952 年神州国光社《嘉靖东南平倭通录》，为《中国历史研究资料丛书》之一种；1993 年巴蜀书社《中国野史集成》影印收录。

6.《倭变事略》四卷，（明）采九德撰

采九德，字常吉，生卒不详，浙江海盐人。清盛枫《嘉禾征献录》卷四十一“九德”条，九德“以本卫官舍入试，为诸生。万历初乡贡，授余杭训导，迁龙泉教谕，再迁靖卢卫教授。倭变时，九德取幕府日札备录之，为《倭变事略》二卷”。[①]

此书于嘉靖三十七年（1558）成书，凡四卷，记载嘉靖三十二年至三十七年倭寇扰乱江浙沿海，及明朝平定倭患的具体事件。着重记述了九德家乡海盐的倭乱详情，及王直（亦写作汪直）、徐海等倭寇团伙的覆灭过程。内容多为作者亲身经历，耳闻目睹，真实可信，是研究明嘉靖时期倭患情况的重要文献，历来为人所重。民国时期李格编修《（民国）杭州府志》卷

① （清）盛枫《嘉禾征献录》卷四十一，清钞本。

四十四兵事三，引用此书多达 44 处之多。

清丁仁《八千卷楼书目》卷四史部：“《倭变事略》一卷，明宋九德撰，盐邑志林本”。其中“采”误为“宋”。清嵇曾筠《(雍正)浙江通志》卷二百四十三：“《倭变事略》二卷，《海盐县志经》，采九德字常吉著。当嘉靖倭变时，常取幕府日报为事，略谈倣扰时事及诸帅功罪颇晰，足备海上一时故实”。

版本有明天启三年（1623）刻《盐邑志林》本，半页十行，行十九字，左右双边，宋体字。1951 年上海书店出版社中国历史研究社编《中国历史研究资料丛书》的一种。1985 年中华书局《丛书集成初编》本。

7.《台州平倭纪略》一卷，（明）沈明臣著

沈明臣（1518—1596），字嘉则，号句章山人，晚号栎社长，明代浙江鄞县（今宁波市鄞州区）栎社人，明嘉靖中诸生，诗人，与王叔承、王稚登同称为万历年间三大“布衣诗人”。曾入胡宗宪幕，为宗宪所重，宗宪蒙冤后，沈氏积极为其奔走伸冤，对胡氏的平反起到了重要作用。有《丰对楼诗选》《荆溪唱和诗》《吴越游稿》《越草》等著作传世。

是书情形据马大正整理的《吴丰培边事题跋集》载，见《台州府志》及《台府外书》，详记明嘉靖间台州抗倭事。明郑若曾《筹海图编 · 大捷考》中《舟山之捷》《宁温台之捷》也由沈氏手笔。

8.《温处海防图略》二卷，（明）刘方誉修，（明）蔡逢时纂

蔡逢时，字应期，安徽宣城人，万历八年（1580）进士，万历间曾任海盐知县、温处兵备副使等职，参与筹划海防，累官至四川布政使。刘方誉时任温州知府。

是编两卷，记载温处海防、备倭、抗倭事宜，颇为详尽。温即今浙江温州，处即今浙江丽水。刘氏在《温处海防图略跋》中言：“海防图略者，重海防也。处无海而兼言者何？处居于内犹堂奥也，温居于外犹藩篱也。藩篱固则堂奥安，势也。矧处之镪与其材官多温藉焉，则处亦未始不为海重防也。故兼言处也。”卷一：温处地图、温区海图、倭夷入寇海道图、倭岛图、城池地里、沿海巡司、沿海台寨烽堠、沿海阨寨、水陆要冲、水陆

兵制、水陆兵饷附岁文、额征、兵饷附外府协济、军储附粮食则例、渔税、军需、清屯、造船附税例、器械附价数；卷二：选兵凡二、练兵凡二、汛期、瞭探、阵图说、武艺、冲锋、夜营、征行令、临敌令、随营器械、城守事宜、入寇海道附变态、外海风潮里至、辩倭、赏格、赏额、赏罚、修城池、修乡堡、实军伍、核仓粮、集渔船、堤海岸、处州防矿四至说、失风军火器械、战船改税议、并营议。

《浙江采集遗书总录》云："温州知府刘方誉等辑，亦记沿海备倭事。"《四库总目提要》云："温处为两浙海疆门户。明季倭寇出没，号曰要冲。逢时此书作于万历二十四年，皆据当时文移册籍，编次成帙。凡地形、船械以及战守选练之法，无不毕载。共为图四，子目四十有三。"《四库全书》据浙江汪启淑家藏刊本存目。蔡逢时纂《温处海防图略》一书，见明张同德撰《右使鳌阳蔡公晋长蜀藩序》，载万历二十八年（1600）大梁张氏原刊《昭甫集》卷十九。

清何绍基《（光绪）重修安徽通志》卷三百三十九："《温处海防图略》二卷，宣城蔡逢时著"。清黄虞稷《千顷堂书目》卷八："蔡逢时《温处海防图略》二卷。字应期，万历丙申兵备副使"。清嵇曾筠《（雍正）浙江通志》卷二百五十四："《温处海防图略》二卷，万历丙申兵备副使，宛陵蔡逢时应期纂"。清嵇璜《续通志》卷一百五十九艺文略："《温处海防图略》二卷，明蔡逢时撰"，又卷一百六十五图谱略："蔡逢时《温处海防图略》"。清嵇璜《续文献通考》卷一百七十一经籍考："蔡逢时《温处海防图略》二卷。逢时字应期，宣城人，万历进士，官温处兵备副使。臣等谨案：是编纪明季倭寇出没温处间，备载地图、船械以及战守选练之法"。清阮元《文选楼藏书记》卷一："《温处海防图略》二卷，明温州知府刘芳誉等辑刊本。是书专记温处沼海备倭事"。清孙诒让《温州经籍志》卷三十五："蔡氏逢时《温处海防图略》二卷，《四库全书总目》七十五，《千顷堂书目》八"。清徐乾学《传是楼书目》："《温处海防图》二卷，明蔡逢时，二本"。

清永瑢《四库全书总目》卷七十五史部三十一："《温处海防图略》二卷（浙江汪启淑家藏本）。明蔡逢时撰。逢时字应期，宣城人。万历庚辰进士，官温处兵备副使。温处为两浙海疆门户，明季倭寇出没，号曰要冲。逢时此书，作于万历二十四年。皆据当时文移、册籍编次成帙，凡地形、船械，以及战守选练之法，无不毕载。共为图四，子目四十有三。"

版本有万历二十年（1592）澄清堂刻本，前有蔡逢时自叙，卷末有刘方誉跋、该书四库提要。每半页九行，行二十字，低两格刻，四周双边，有界栏，上单鱼尾，白口，版心上镌丛书名、中镌卷次及页码。据孙殿起《贩书偶记续编》附录史部记载，是编有万历原刊本。2013 年蝠池书院出版有限公司出版社《中国古代海岛文献地图史料汇编》影印收录全文。

9.《温处海防图略》二卷，（明）李如华撰

李如华生平无考，此书散佚。据 1984 年浙江人民出版社洪焕春著《浙江方志考》：李如华生平无考。清黄虞稷《千顷堂书目》卷八："李汝华《温处海防图略》二卷"。清张廷玉《明史》卷九十七志第七十三："李如华《温处海防图略》二卷"。清钱谦益《绛云楼书目》卷三："《温处海防图略》"。明祁承㸁《澹生堂藏书目》："《温处海防图略》二卷，二册"。清孙诒让《温州经籍志》卷三十五："李氏如华《温处海防图略》(《千顷堂书目》八题李汝华，今从《明史・艺文志》二），二卷（《明史・艺文志》二，《千顷堂书目》八》，未见。案李如华官秩籍贯并无考"。

10.《嘉禾倭寇记略》，（明）李日华撰

李日华（1565—1635），字君实，号竹懒，浙江嘉兴人，明万历壬辰进士，官至太仆寺少卿。事见《明史・文苑传・王维俭传》。《明文・艺文志》载李日华《倭变志》一卷，李氏精于书画，另有《恬致堂集》、《梅墟先生别录》二卷、《竹懒画媵》一卷、《续画媵》一卷、《六研斋笔记》四卷，《三笔》四卷等著作。是编记明代嘉靖间嘉兴遭受倭寇之乱事，为李氏润色他人之作。1998 年新疆人民出版社马大正等整理《吴丰培边事题跋集》："此编乃记其家乡之寇，其跋云：'世庙丙辰丁巳间，我邑中倭，创巨痛深，距今 70 年余，父老及见者，言之声泪俱下。今于闻见零落之后，掇拾败楮，偶得一编于田舍，稍纪所见，然或月而不日，姓而不名，地而不处，其笔又俚而不文，盖纾伏之耆唆，所自叹自歌者。暇日因为考质公牒碑记，与学士大夫所著撰涉及者，一一厘正，而润泽之，名曰《嘉禾倭寇记略》。其人名韶，又逸其姓。'观此则非日华所纂，乃润色他人之作。"[①]《四库全书总目》有著录。版本有崇祯刻《恬致堂集》本。

① 吴丰培著，马大正等整理：《吴丰培边事题跋集》，乌鲁木齐：新疆人民出版社，1998 年，第 32-33 页。

11.《檇李记》一卷，（明）王樵撰

王樵（1521—1599），字明逸，号方麓，明代南直隶（今江苏）金坛县金城镇人，经学家，抗倭英雄。嘉靖二十六年（1547）进士，历任刑部主事、刑部员外郎、浙江佥事、山东兖州府佥事、刑部侍郎等职。曾因得罪于张居正，被调离京城，出为南京鸿胪卿。后被罢免，赋闲 10 余年。年 70 余岁，王氏复起任南京太仆少卿，再迁大理卿，寻拜南京刑部右侍郎，谥“恭简”。有《方麓集》《春秋辑传》《读律私笺》等著作传世。《明史》卷二百二十一有传。

檇李是古地名，在今浙江嘉兴一带，当地有水果名檇李，嘉兴南湖区今尚有檇李村。是书一卷，见《盐邑志林》第十八帙，凡二十一则，作于万历间，所记多及抗倭备倭。记述了明嘉靖、隆庆、万历年间，浙江澉浦、秦驻山、乍浦、海盐、羊山（今洋山）、嘉兴等地的备倭情形，包括海防部署、调度、募兵、练兵、用兵及抗倭战事等方面，还论及钱塘潮、海塘等内容，文末论及王氏与邑人樊献科等同游浙东缙云事。

清文渊阁四库全书本明王樵《方麓集》卷七收录全文。清丁仁《八千卷楼书目》卷八史部：“《檇李记》一卷，明王樵撰，盐邑志林本”。清黄虞稷《千顷堂书目》卷七：“王樵《檇李记》一卷”。清嵇曾筠《(雍正)浙江通志》卷二百五十四：“《檇李记》一卷，盐邑志林，王樵著”。

版本有明刊《盐邑志林》本、四库全书本。《盐邑志林》本署“黄冈后学樊维城汇编，后学郑端胤、姚士粦、刘祖钟校订”。正文每半页十行，行十九字，左右双边，有界栏，上单鱼尾，白口，版心上镌书名、中镌卷名，下镌页码。1985 年新文丰出版公司《丛书集成新编》、2012 年线装书局《中国海疆文献续编 · 明代倭患》影印收录全文。

12.《浙省倭寇始末略》一篇，（明）朗瑛撰

朗瑛（1487—1566），字仁宝，浙江仁和（今杭州）人，性至孝，有《七修类稿》传世，《萃忠录》《青石哀钺》不传。《浙省倭寇始末略》为《七修类稿续编》卷二《国事类》中一篇。是篇起自嘉靖二十九年（1550）秋，福建林汝美、李七、许二等越狱与日本勾结，结巢浙江双屿等岛屿，王直（亦写作汪直）等横向海上，概述朱纨、胡宗宪等抗倭战争经过。

《吴丰培边事题跋集》言："此编乃集嘉靖朝浙省倭寇之事为一篇，仅具纲领而已。"[①] 版本有嘉靖四十五年刻本，每半页十一行，行二十一字，四周单边，有界栏，上单鱼尾，白口，版心上镌卷名、中镌页码。2002 年上海古籍出版社《续修四库全书》子部杂家类影印收录全文。

13.《浙江海防兵粮疏》一册，（明）赵炳然撰，兵部户部覆议

赵炳然（1507—1569），字子晦，号剑门，剑州人（今四川剑阁县）。嘉靖十四年（1535）进士，除江西新喻知县，历任贵州道监察御史、河南道监察御史、江西道监察御史、大理寺少卿、兵部侍郎、兵部尚书等职，嘉靖四十五年加太子太保、资政大夫。隆庆三年（1569）卒，谥号"恭襄"。《明史》卷二百二有传。

赵氏曾于嘉靖三十二年巡按浙江，协助总兵戚继光抗倭，后来任兵部右侍郎，再次督抚江浙。赵氏与戚继光等将领通力合作，在抗击倭寇中功勋卓著。《浙江海防兵粮疏》一册是嘉靖四十二年浙江巡抚都御史赵炳然有关浙江海防事宜的两道奏疏及兵部和户部分别作出的覆议。其时浙、闽、粤三省倭寇基本平息，海防形势依然严峻，在此背景下赵氏撰写奏疏两道。第一道《为陈末议以裨海防事》针对浙江海防存在的管理运行问题，提出海防事宜条八事：定兵额、振军伍、练民兵、立保甲、明职掌、分统辖、严哨应、公赏罚。兵部覆议认为赵氏建言可以向沿海倭患地区进行推广。第二道《为遵敕旨议兵粮以防倭患以苏民困事》提出了精兵简政举措，可以有效增强军事力量，巩固海防，纾解民困，户部覆议认为可行。《明史·赵炳然传》云："浙罹兵燹久，又当宗宪汰侈后，财匮力绌。炳然廉以率下，悉更诸政令不便者，仍奏减军需之半。民皆尸祝之。"[②]

明陈子龙《明经世文编》卷二百五十二收录赵氏《海防兵粮疏》，内容《为陈末议以裨海防事》基本相同，但侧重不同，两者可互相参照。清范邦甸《天一阁书目》卷二之二史部："《浙江海防兵粮疏》一册。"版本有明嘉靖刻本，天一阁藏，为海内孤本。2010 年线装书局《天一阁藏明代政书珍本丛刊》第十六册影印收录全文。

① 吴丰培著，马大正等整理：《吴丰培边事题跋集》，乌鲁木齐：新疆人民出版社,，1998 年，第 41 页。
② （清）张廷玉等撰：《明史》，北京：中华书局，1974 年，第 5384 页。

14.《宁波府通判谕保甲条约》一册，（明）吴允裕撰

吴允裕，字天和，广东南海人，嘉靖元年（1522）举人，生卒不详，嘉靖二十年（1541）任宁波象山县令，调任永州东安县，后升宁波府通判，颇有政声，有《别驾集》。清嵇曾筠《（雍正）浙江通志》卷一百五十二有传。

保甲制度是中国古代长期使用的一种社会统治手段，将国家关系和宗族关系融合而一，以家庭为基本组织单位，一般十户为甲，十甲为保。明代嘉靖时期东南沿海倭寇频仍，浙江宁波首当其冲，有效组织民间力量成为抵御倭寇的重要手段，制定更为适用的保甲条约恰逢其时。浙江按察司副使、分巡宁波海道刘应箕照会宁波府通判吴允裕及有关官员审编保甲，“但流闻易舛，面戒难问，缘拟刊行，备呈本道，蒙批据揭，约法易简，防范周密，即如拟刊面遵守施行，具行过缘由速缴，乘此人心忻动之初，鼓舞振作可也。蒙此合就刊发施行须至册者”，成《宁波府通判谕保甲条约》。

是约于嘉靖三十四年四月十八日刊行，共十二条，涉及保甲职责范围、甲长遴选、习武、侦缉等内容，全文如下：一、设立保甲，只要就近团结乡民，同心合力，察奸御盗，保护身家。一乡止守一乡，并不三丁抽一，拨守他处，及日后亦不据此佥点大户，徭年增役，大造加丁。即今册成，止呈海道衙门存照，绝无分发府县，留名在官，即此可信。敢有妄言，摇惑人心者，重究。其一切勾摄词讼、催办钱粮等项，自有粮里公差，不许官司人等辄行着落及朔望勒取结状，致生烦扰。一、保长中、保副、甲长、甲副皆经慎选，有行止，为人信服者充之，各宜用心供事，不许规避及私相替代。果有事故，通甲呈明核实，更换其乡夫，量地方险易，佥点名数。每户止报户首一名，户丁自六十岁以下，十六岁以上，悉听户首率领，赴团训练，务体上官不欲纷扰之意，争先赴义，共成美俗。一、每月初一、初二、十五、十六，保长同甲方长、甲副、乡夫各于原定团所演习武艺，诸艺随便，射要兼通。如有恃顽，不肯如期赴操，呈来责治。其有自愿常示演习及兼通诸艺者，不在定日分艺之限。一、各甲俱照习定武艺，各兼弓弩，务演精通，期堪御敌。听本职间出不意，抽申较阅，果有成效，即行奖赏。其或虚应故事者责究，并罪长、副。一、甲内若有谙晓兵法、察知寇情、深谋远计、堪备攻守者，许各开陈，以凭采择。如果堪用，老成

者礼为上客，优免身役。少俊子弟武举之年考送应试，但不许掇拾陈言，妄行干扰。一、甲内各要时常互相觉举，如有人户无故出外、经久不回及停留面生、可疑之人，往来通同图为奸利，即便密报保长查实呈官究治，如知情故纵，一体治罪。一、甲内遇有奸细潜来，假装官吏，生儒、僧道、商旅、星命、医卜并赶唱乞丐等项名目，在于寺观及牙保娼优之家，探计事情，查访得实，即便擒拿送官，照例给赏，但不许乘机打诈平人，及索取一应买酒、贩猪等人财物。事发，计赃坐罪。一、各长不许指称官府使用并各项、各色科敛银物蠹害人户，及不许受词武断，搅机生事，违者重治。一、接济通番，已有明例，罪在不赦。敢有怙恶不悛，在保长及甲内人户指实呈首，照例给赏，若受财容纵，据法连坐。一、本甲遇有警报，鸣锣为号，各甲随即传报远近，各统乡兵策应捍御，务期克敌保境。如有自分彼此，逗留观望，致失事机者，法不轻贷。一、甲内如有强窃盗并窝主、掏摸、赌博、放火、抢火、打盐、卖盐、起灭、教唆、扛帮词讼、行使假银、投托势要、违禁止下海等项，有显迹者，各保长俱要会同隅头里老，谕令省改。如稔恶不悛，指实呈治，但不许假此报复私仇，起骗财物，诬陷平民，自招反坐。其积年应捕、一身十党、夥结白役、纵贼分赃、主保私盐，名曰话巡，为害不浅，省谕呈究。一、即今兵事倥偬，创行保甲，固以守望相助为急务，仍需出入相友，疾病相扶持，有过相戒，有善相劝，有贫乏便与周济，有争仇便与调和。期于风移俗改，邻里雍睦，乃尽善。小民鲜知其义，在贤士大夫及邑中长者相与倡率赞成，二三有司与有光焉。

是约不同于一般保甲内容，主要目的在于团结互助、捕盗缉贼，防卫地方，抵御倭寇。嘉靖四十二年浙江巡抚赵炳然提出“海防八事”其中之一即为“立保甲”，“臣惟浙江地方在边海则有倭寇，在内地则有盗贼，在河港则有盐徒，在山僻则有矿徒，中间外作、向导、奸细内为接济窝家往往有之，若非申严保甲之法，以谨讥察，以相救援，恐无弭盗而塞源耳。”[①]可见保甲条约在加强海防，抗击倭寇中发挥了积极作用。古代的保甲制度文献，特别是明代有关抗倭的保甲条约较为稀见，是约对研究代中期的地方防御体制有一定的史料价值。

版本有嘉靖三十四年刊本，海内孤本，天一阁藏。2009 年线装书局《天一阁藏明代政书珍本丛刊》第十九册影印收录全文。

① 《为陈末议以裨海防事》,《浙江海防兵粮疏》，明嘉靖刻本。

15.《浙江总兵官肃纪维风册》一册，（明）胡守仁撰

胡守仁（1531—1592），字子安，号近塘，浙江慈溪观海卫人，祖籍句容，抗倭将领，袭祖职骁骑右卫指挥佥事，后任备倭把总、福建莆禧守备、福建行都中路参将、浙江杭嘉湖参将、蓟州东路副总兵、福建总兵官、贵州总兵官、浙江总兵官等职。万历十一年（1583）受“清算张居正”牵连，罢官返乡。

胡氏嘉靖间曾随戚继光取得舟山岑港战斗胜利，负责到义乌招募士兵，壮大抗倭军队。万历三年，胡氏在福建任职期间率水军入澎湖、台南嘉义作战，熟悉了对台航海海战路线。胡氏长期参与领导指挥东南沿海军事活动，是明代重要抗倭将领之一，对军队情况了如指掌。万历十年，胡氏任浙江总兵官，认为“(浙江）承平日久，武备废弛，倭夷侵犯，地方残破，因而人情刁玩，法纪不张。且迩来省会复有兵民之变，若非重加振刷，一整颓风，将见边备日弛，风俗日坏，安能保无他虞哉？但本镇自愧才力疏庸，不堪引负，莅任以来，日久兢惕，每思肃纪维风，凡利可兴、弊可革以图万全者，矢心力行，务求保全地方，庶无负朝廷委托至意”。《浙江总兵肃纪维风册》即胡氏为整顿军纪制定的相关军事制度。

是编原题《为镇守地方事》，共一册，正文二十三条，包括“正名分以严体统”“清理军伍以备战守”“修理城池以固边备”“严斥堠以防警报”“严训练以肃行伍”“查理器械以备应用”“稽查险易以便哨守”“公差役以苏军困”“查贤否以备任使”“作养应袭以储将材”“严禁掯勒保袭以除奸弊”“表扬节行以励风化”“严禁包粮以除军蠹”“查理新军以绝刁讼”“禁蓦越以防奸弊”“禁绝左道正风俗”“禁赌博以弭盗贼以靖地方”“严禁止行使假银以除积害”“查理未完以清公务”等条目，目的在于革除陋习，严明职守，振肃纪纲，提高效率，加强沿海军事力量。

胡氏制定刊发的这一肃纪维风册，直指浙江沿海卫所军纪根源问题，提出整顿办法，既有思想高度，又具有实际操作性，内容为《明史》和《明实录》所不载，是一种较为稀见的政书，为研究明代沿海军事组织管理、运作及整顿提供了重要资料，史料价值颇高。版本有万历十一年刊本，海内孤本，宁波天一阁藏。2009 年线装书局《天一阁藏明代政书珍本丛刊》第十六册影印收录全文。

16.《海防图议》一卷，（明）张兆元撰

张兆元，号莲汀，浙江乌程（今属湖州）人，生卒未详，例贡，曾以直隶永平府同知管宝坻知县事，抗倭有功，颇有作为，后升任淮安郡丞。《（乾隆）宝坻县志》载："（张氏）万历壬辰（万历二十年，1592），以永平通判摄邑篆。当是时，辽左方警，羽檄交驰，征发无虚日。兆元调停区处，上下赖之。遇岁饥，请蠲。逋赋累千。省里甲，停拨马，减更夫……在署二年，所以恤民者甚。至濒行，行李萧然。犹检囊中余五十金，置地六顷，充学田，以为寒士薪水助。曰：予空两袖，拂清风归耳。既去，民怀之，刻石以纪其德。"张氏有《海防图议》《河防图议》等著作传世。

是编乃张氏在直隶永平府宝坻（今属天津市）任知县时所撰奏疏、文章的汇集。开篇即为《条陈海防图议》，认为宝坻实为京师门户，较他处要害尤甚，外敌由此入侵，会给京师带来巨大危险。因此撰文并绘图，包括议设联船挡木以阻冲突、议积军储以固战守、议建营房以处要地、请发锐兵以保重地、议还梁城所额军以守信地、议定烽军传号以便援应、议设烽军拨马总辖以一号令、议加烽军行二月粮、移各乡富民入城以绝倭饷、议那借额解黑豆以苏灾民、议敌台缓急以备裁酌、议加城垣以固保障、议专委任以便责成、议协济工匠以速成效、议暂复民壮以资守卫等多条防倭入寇的具体实施措施。《（乾隆）乌程县志》载："《海防图议》，兆元官永平时所作，上之当事，悉允行。"同时，是编还记载了当时宝坻的经济、民生、科考等方面资料，也是一份可贵的乡邦文献。

《海防图议》是张氏的代表作，充分意识到了加强沿海防务的重要意义，发展和完善了前任宝坻知县袁黄（《宝坻政书·边防书》中"倭防初议""倭防二议"）海防思想，形成了相对完善的防御系统，总结了海防建设经验，反映了张氏在海防理论方面的水准。约半个世纪后，第二次鸦片战争期间英法联军正是从直沽海防作为突破口进入京津的，也印证了张氏的远见卓识。曹于汴在《张莲汀先生海防图议序》中有言："公岁托身云卧，而人奉是编为南指，以济时艰，则公犹然用世云。"

版本有明万历间刻本，前有《曹序》，正文每半页十行，行二十一字，四周单边，有界栏，双鱼尾，白口，版心上镌书名、中镌页码，卷末有《阖学生员保留呈》《阖县民人保留呈》，苑时葵《署宝坻县事永平府同知张公

去思碑记》，现藏于美国国会图书馆。又有清吴兴世恩堂重修本，藏于北京大学图书馆。

17.《靖海纪略》一卷，（明）郑茂撰

郑茂（1525—？），字士元，号壶阳，福建兴化莆田人，嘉靖三十二年（1553）进士，授海盐县令、历任兵科给事中、河南按察使等职，为官有直声。有《靖海纪略》《愢园诗集》等著作传世。明胡震亨《海盐县图经》卷九有传。

是书专记嘉靖三十三，倭寇侵犯浙江海盐，时任县令郑茂率众守城御倭事，对时间、地点、侵扰状况、抵御策略经过等均有详细记述，起自嘉靖甲寅夏四月五日乙亥夜漏下三刻，迄于月十八日丁巳。郑氏临危不惧，指挥有方，取得守城胜利，御倭有功。是书完成于倭寇退去第二日，为郑氏亲历事件记载文献，是研究明朝中期海防重要的第一手资料。可与同时期《倭变事略》等文献互为参照，史料价值较高。

清丁仁《八千卷楼书目》卷四史部：“《靖海纪略》一卷，明郑茂撰，盐邑志林本”。清冯桂芬《（同治）苏州府志》卷一百三十九：“郑茂，《靖海纪略》一卷”。清黄虞稷《千顷堂书目》卷五：“郑茂《靖海纪略》一卷，嘉靖中海盐知县。”清嵇曾筠《（雍正）浙江通志》卷二百五十四：“《靖海纪略》二卷，《黄氏书目》，嘉靖中海盐知县郑茂著”。清万斯同《明史》卷一百三十四志一百八：“郑茂，《靖海纪略》一卷，嘉靖中海盐知县”。清张廷玉《明史》卷九十七志第七十三：“郑茂，《靖海纪略》一卷。”

版本有明天启盐邑志林本，署“黄冈后学樊维城汇编，后学郑端胤、姚士麟、刘祖钟校订”，正文每半页十行，行十九字，左右双边，有界栏，上单鱼尾，白口，版心上镌书名、中镌卷名，下镌页码。道光二十二年（1842）楚香书屋刊《胜朝遗事》本，南京图书馆均有收藏。1936 年《丛书集成初编》将此书与曹履泰同名书合为一册，据《盐邑志林》本排印。1947 年神州国光社《中国内乱外祸历史丛书》第八册收录。1983 年中华书局重印《丛书集成初编》收入第 3226 册。

18.《筹海图编》十三卷，（明）胡宗宪修，（明）郑若曾等纂

胡宗宪（1512—1565），字汝贞，号梅林，徽州府绩溪（今属安徽）人，

明嘉靖十七年（1538）进士，抗倭名将，历任山东益都、浙江余姚知县、浙江巡按监察御史、兵部左侍郎兼都察院左佥都御史。嘉靖三十三年任浙江巡抚主持东南抗倭，平倭期间先后任浙江、福建、南直隶、江西总督，抵御倭寇平息叛乱。嘉靖四十四年因攀附严嵩、私拟圣旨罪入狱自尽，隆庆六年（1572），因平倭有功获平反，追谥“襄懋”。《明史》卷二百零五有传。郑若曾（1503—1570），字伯鲁，号开阳，江苏昆山人，军事家、战略家。郑氏幼承家学，却屡试不第，遂绝意科举，潜心治学。嘉靖三十一年起，倭寇猖獗，侵扰东南沿海，郑氏密陈胡宗宪《殄倭方略》，得以入幕，参赞机务。后胡宗宪为防御倭寇，委托郑氏编纂《筹海图编》，以资海防，历时六年完成。另有《皇明分省地理志图考》《海防一览》《万里海防图论》《江防图考》《海运图说》《日本图纂》《安南图说》《琉球图说》《江南经略》等著作传世。

是编成书于嘉靖四十一年，共 13 卷，约 26 万字，结构严谨，征引翔实，图文并茂，卷一舆地全图、沿海山沙图。卷二王官使倭事略、倭国入贡事略、倭国事略。卷三广东沿海郡县图、广东倭变纪、广东兵防官考、广东事宜。卷四福建沿海郡县图、福建倭变纪、福建兵防官考、福建事宜。卷五浙江沿海郡县图、浙江倭变纪、浙江兵防官考、浙江事宜。卷六直隶沿海郡县图、直隶倭变纪、直隶兵防官考、直隶事宜。卷七登莱辽海图、登莱辽海倭变纪、登莱辽海兵防官考、登莱辽海事宜。卷八倭患总编年表、寇踪分合图谱。卷九大捷考。卷十遇难殉节考。卷十一至十三经略。浙江作为遭受倭乱最严重的区域之一，是编多有论及，内容最为丰富，卷一有《浙江沿海山沙图》。卷五专论浙江抗倭情形，并有《浙江沿海郡县图》，包括《浙江沿海总图》《温州府境图》《台州府境图》《宁波府境图》《杭州府境图》《嘉兴府境图》，绘制了浙江省行政区划，沿海区域山川、军事布防、海岸线、岛屿等。

郑氏首次提出了“万里海防”的概念和全面防倭的战略，把沿海各省作为整体系统设防，形成联防体系，绘图 173 幅，其中沿海地图 114 幅，战船图 18 幅、兵器图 41 幅，将战略、军士、地理、武器等因素系统综合研究。胡宗宪评价该书“图以志形胜，编以纪经略，东南半壁，按籍嘹然。”[①] 抗倭名将卢镗《筹海图编跋》：“万世之下，按图考编，则东

① 《序》，《筹海图编》明嘉靖四十一年刻本。

南今日之事，如指诸掌。”[1] 是编一部大型综合性海防巨著，在古代海防著作中最有代表性和最有影响，可谓海防著作之滥觞，集大成者，即有经验总结有兼具当时海防建设的实际指导意义，是研究明代抗倭战争及中日关系史的重要文献，其史料价值极高。

清陈昌图《南屏山房集》卷十九：“《筹海图编》十二卷，明胡宗宪。按：宗宪字汝贞，绩溪人，嘉靖进士，擢御史巡按宣大。是书首舆地全图。次沿海山沙图、倭国图、粤闽直沿海郡县图、登莱辽海图、寇踪分合图谱，而终之以经略，茅坤为序。”。清丁仁《八千卷楼书目》卷八史部：“《筹海图编》十三卷，明胡宗宪撰，明天启刊本。《海防图论》一卷，明胡宗宪撰，兵法汇编本、兵垣四编本”。清冯桂芬《（同治）苏州府志》卷一百三十九：“郑若曾《筹海图编》三十卷”。清何绍基《（光绪）重修安徽通志》卷三百三十九：“《筹海图编》十三卷，绩溪胡宗宪著”。清黄虞稷《千顷堂书目》卷八：“胡宗宪《筹海图编》八卷，一本十三卷”。清嵇璜《续通志》卷一百五十九艺文略：“《筹海图编》十三卷，明胡宗宪撰”，又卷一百六十五图谱略：“胡宗宪《筹海图编》”。清嵇璜《续文献通考》卷一百七十一经籍考：“胡宗宪《筹海图编》十三卷。宗宪字汝贞，绩溪人，嘉靖进士，官至兵部尚书督师剿倭冦，以言官论劾，下狱瘐死，万历初追复原官谥襄懋”。清钱谦益《绛云楼书目》卷三：“《筹海图编》八册”。清钱曾《钱遵王述古堂藏书目录》卷四：“《筹海图编》十卷，八本”，清万斯同《明史》卷一百三十四志一百八：“胡宗宪《筹海图编》八卷，一本十三卷”。清张廷玉《明史》卷九十七志第七十三：“胡宗宪《筹海图编》十三卷”。

清永瑢《四库全书总目》卷六十九史部二十五：“《筹海图编》十三卷（安徽巡抚采进本），明胡宗宪撰。宗宪字汝贞，号梅林，绩溪人。嘉靖戊戌进士，官至兵部尚书，督师剿倭寇，以言官论劾，下狱瘐死。万历初，追复原官，谥襄懋。事迹具《明史》本传。是书首载《舆地全图》、《沿海沙山图》，次载《王官使倭略》、《倭国入贡事略》、《倭国事略》、次载广东、福建、浙江、直隶、登莱五省《沿海郡县图》、《倭变图》、《兵防官考》及事宜，次载《倭患总编》、《年表》，次载《寇迹分合图谱》，次载《大捷考》，次载《遇难殉节考》，次载《经略考》。《明史》称赵文华督察浙江军务，宗宪深附之。总督张经破倭于王江泾，文华尽掩经功归宗宪，经遂得罪。又

① 《卢镗跋》，《筹海图编》明嘉靖四十一年刻本。

陷抚臣李天宠。文华还朝，力荐宗宪，遂擢显秩。宗宪又因文华结纳严嵩，以为内援。其喜功名而尚权诈，诚有如《传赞》所云'奢黩蒙垢'者。书中载胡松撰《王江泾捷事略》，专述宗宪之功，不及张经，与本传符合。是其攘功之实证。然其他若载嘉靖三十四年五月平望之捷，陆泾坝之捷，十一月后屯之捷，清风岭之捷，三十五年仙居之捷，七月乍浦之捷，十一月龛山之捷，及金塘、淮扬、宁台温之捷。又纪剿徐海及擒王直始末，大端与《明史》纪传均相符合。则宗宪之保障东南，尚不为无功。《经略考》三卷内凡会哨、邻援、招抚、城守、团结、保甲、宣谕、间谍、贡道、互市及一切海船、兵仗、戎器、火器无不周密。又若唐顺之、张时彻、俞大猷、茅坤、戚继光诸条议，是书亦靡不具载。于明代海防，亦云详备。盖其人虽不醇，其才则固一世之雄也。"

版本有明嘉靖刻本、明隆庆刻本、明天启刻本、清康熙刻本、四库全书本。明嘉靖四十一年（1562）初刻本，由胡宗宪题名，署"昆山郑若曾辑，男应龙、一鸾校"，卷前有范惟一序、胡松序、唐枢序、茅坤序、郑若曾引，正文部分每半页十行，行二十字，四周双边边，有界栏，上单黑鱼尾，白口，版心卷次，页码，卷末有卢镗跋。明隆庆六年（1572）刻本，由浙江巡抚邬琏主持刊刻，与嘉靖刊本无异，清华大学图书馆、复旦大学图书馆有藏。以上两种版本均刊刻于杭州，传本较为稀见。明万历重刊本为胡宗宪之孙胡灯以嘉靖刻本为基础重刻，内容与嘉靖本少有不同，但署名为"明少保新安胡宗宪辑议；孙举人胡灯重校；昆山郑若曾编次"。明天启四年（1624）刻本，由胡宗宪曾孙胡维极刊刻，其卷九增加《平倭记》一篇，署名为"明少保新安胡宗宪辑议；曾孙庠生胡维极重校；孙举人胡灯、举人胡鸣冈、阶庆同删"。天启本流传最广，《四库全书》即以此本为底本。清康熙三十二年（1693）刻本，由郑若曾五世孙郑起泓刊刻，署名为"昆山郑若曾博鲁着；男应龙左卿、一鸾音卿校；五世孙起泓定远重订；孙肇远校字"。2007 年李致忠点校中华书局出版《筹海图编》，结合四个版本重新校勘，形成整理本。2011 年知识产权出版社《海疆文献初编 · 沿海形势及海防》影印收录。

19.《海防纂要》十三卷图一卷，（明）王在晋撰

王在晋（1564—1643），字明初，号岵云，直隶太仓州（今江苏太仓）

人。明万历二十年（1592）中进士，授中书舍人，后曾任江西布政使、江、福建提刑按察使、右副都御史、兵部侍郎、南京兵部尚书、河道总督、兵部尚书等职。王氏以武职身份经略军务，亲自指挥漳泉之战、东碇之捷等抗倭活动。《海防纂要》即为王氏总结抵御倭寇经验教训而作。另著有《三朝辽事实录》《通漕类编》《总部疏稿》《历代山陵考》《越镌》《岱史》等。《明史》卷二五七《王洽传》附王氏小传。

是编又题《皇明海防纂要》《宝明海防纂要》，成书于万历四十一年（1613）。王氏鉴于郑若增《筹海图编》、邓钟 《筹海重编》、范涞 《两浙海防类考续编》等书“谟略具载，而近事或有所遗佚，又其书漶漫，间出于书生之腹笥，而未亲质于矢石锋镝之场”[①]，结合亲身经历、见闻，参考《皇明祖训》《大明令》《大明会典》《皇明通鉴》《兵部新颁禁例》《续文献通考》《武经总要》《吾学编》《嘉隆见闻记》及其 《兰江集》《越镌集》等文献，补前著不足，形成一部防倭抗倭专书，以期为抗倭发挥镜鉴之用。

《海防纂要》十三卷一卷，前有凡例十八条、纪目四十五种，分门次序包括山海舆地图、沿海事宜、外国考程图针路、朝贡通考、朝鲜复国经略、御倭方略、船器攻围法、经略事宜、大捷考、获夷纪略、行军法令、功令、祭祷、医药、选日、占验。正文卷一广东、福建、浙江事宜；卷二南直、山东、北直隶、辽东事宜；卷三皇图一统说、本朝备倭通贡考；卷四朝鲜复国日本封项议；卷五御倭方略等；卷六防倭标本说等；卷七定庙误等；卷八定武略等；卷九、卷十纪捷；卷十一行军法令；卷十二功令、祭祷、医药；卷十三选日、占验。图有山海舆地图说、舆地全图、镇戍总图、广福浙直山东总图、山东沿海之图、辽东连朝鲜图、东北诸夷图、东南滨海诸夷图、东南海夷图、日本国图、周天各国图四分之一、日本岛夷入寇之图等。

浙江是明代抗倭的主要区域之一，是编多有记述。卷一有“浙江事宜”部分，包括论要害、论设备、论会哨、杭州、台州、海岙、议屯、土兵、陈钱向导、舟山、浙江要害论、嘉区防守事宜、广福浙兵船会哨论。卷五“防海七事”针对浙江防御提出固根本、禁渔船、议折冲、议战舰、议要害、时兵饷。卷九大捷考论及仙居之捷、乍浦之捷、金塘之捷、擒王直、舟山

① 《高举序》,《海防纂要》，明万历四十一年王在晋初刻本。

之捷等。王氏认为“两浙形胜，太半负海，岛夷之来，最为切近。日本旧时贡道在焉。论列郡之海口，则温州之飞云、横阳、馆头，台州之松门、海门，宁波之定海、太浃湖、头渡，绍兴之三江、沙门。杭州之赭山、龛山，嘉兴之乍浦、澉浦，皆候寇窥犯之地，列郡之门户也。守门户则堂奥自安矣。”①是编为明代海防方面的大成之作，辑录了大量有关抗倭的奏疏、论述，既有经验总结，也有措施策略。

明祁承爜《澹生堂藏书目》：“《海防纂要》十三卷，八册，王在晋。”清丁仁《八千卷楼书目》卷八史部：“《海防纂要》十三卷，明王在晋撰，明刊本”。清黄虞稷《千顷堂书目》卷八：“王在晋《海防纂要》十三卷”。清万斯同《明史》卷一百三十四志一百八：“王在晋《海防纂要》十三卷”。清徐乾学《传是楼书目》：“《海防纂要》十三卷，明王在晋，四本；又一部，八本；又一部，四本”。清姚觐元《清代禁毁书目四种》：“《海防纂要》六本，明王在晋纂”。清张廷玉《明史》卷九十七志第七十三：“王在晋《海防纂要》十三卷”；清赵宏恩《(乾隆)江南通志》卷一百九十二艺文志：“《海防纂要》,《通漕类编》俱太仓王在晋。”

是编在清代被列为禁书。版本有明万历四十一年（1613）王在晋初刻本，卷前有河南道监察御史高举序及浙江按察使、湖广提督学政王在晋自序，正文部分每半页十行，行二十字，上单黑鱼尾白口，四周单边，有界栏，版心上镌书名、中镌卷次，下镌页码，北京图书馆、上海图书馆有藏。1973年扬州古旧书店《边疆备籍》、1997年北京出版社《四库禁毁书丛刊》、2002年上海古籍出版社《续修四库全书》、2012年线装书局《海疆文献初编·沿海形势及海防（第3辑）》均据明万历刻本影印收录。

20.《筹海重编》十二卷，（明）邓钟编

邓钟，字元宇，一字鸣道，福建晋江人，万历五年（1577）武进士，生卒不详，其父为嘉靖间在浙江抗倭名将邓城，可谓出身将门，熟兵法，有谋略，早年出自俞大猷门下，历任广东东山参将、福建都司、前军都督、四川都督、贵州都督、护国大将军，著有《筹海重编》十二卷。乾隆《泉州府志》卷五十六有邓氏小传。

① 《海防纂要》卷一，明万历四十一年初刻本。

明万历二十年（1592）,日本发动“壬辰战争”，入侵朝鲜，明朝得到信息后,积极备战，时任两广总制萧彦命幕僚邓钟编纂该书，旨在倭患平定30余年之后，快速传承补充海防经验与海战知识，做好理论准备，更好地应对此次日本入侵朝鲜。

是编乃邓钟对嘉靖间郑若曾著《筹海图编》重新编辑撰写而成。十二卷，图文并茂，内容翔实，卷一为一统全图、万里海图；卷二王官使倭事略、倭人入贡事略和针路经（附）；卷三广东总图、广东兵防官考、广东倭变纪、广东事宜；卷四福建总图、福建兵防官考、福建倭变纪、福建事宜；卷五浙江总图、浙江兵防官考、浙江倭变纪、浙江事宜；卷六南直隶总图、南直隶兵防官考、南直隶倭变纪、南直隶事宜；卷七山东总图、山东兵防官考、山东倭变纪、山东事宜、北直隶总图、北直隶兵防官考、北直隶事宜、辽海总图、辽海兵防官考、辽海倭变纪、辽海事宜；卷八朝鲜国图、朝鲜事略、日本国图、日本入寇图、倭国事略、寇踪分合始末；卷九至卷十二为经略事宜，其中卷十二为战船、火器及其他兵器、铠甲的图说。是编体例仿郑若曾《筹海图编》，又有所创新，既传承了御倭防海的经验，又发扬了经世致用、匡时济世的传统和精神，同时提出了对局势的判断和方略。

清徐乾学《传是楼书目》:“《筹海重编》十二卷，明邓钟，五本”。《（乾隆）泉州府志》卷七十四《艺文志》:“《筹海重编》十二卷，邓钟”；清何绍基《（光绪）重修安徽通志》卷三百三十八:“《筹海重编》十二卷，泾县萧彦撰”。嵇璜《续文献通考》卷一百七十一经籍考:“邓钟，《筹海重编》十卷。钟字道鸣，晋江人”。永瑢《四库全书总目》卷七十五史部三十一:“《筹海重编》十卷（两淮马裕家藏本），明邓钟撰。万历二十年，倭大入朝鲜，海上传警。总督萧彦命锺取昆山郑若曾《筹海图编》，删其繁冗，重辑成书。冠以各处海图，次记奉使朝贡之事。又分案沿海诸省，记其兵防制变各事宜，而以经略诸条终之。于前代旧事，亦间有引证。前有彦序一篇，极称胡宗宪功，亦当时公论也。”

版本有万历刻本、清钞本。万历刊本，正文每半页十二行，行二十二字，小字双行字同，上单黑鱼尾，白口，四周双边栏，有界栏，版心上镌书名、中镌卷次，下镌页码，卷前有万历壬辰岁八月之望萧彦序，序后有“念渠”字样钤印。另有《筹海图编》胡松原序、郑若曾《刻筹海图编引》。卷末有广东左布政使费尧年后序、东官袁昌巧后序、广东总兵官童元镇跋、邓钟《题〈筹海重编〉后》。1993 年齐鲁书社《四库全书存目丛书》史部、2012 年线装书局《中国海疆文献续编·明代倭寇》影印收录。清钞本，未见。

21.《两浙海防类考》四卷，（明）谢廷杰撰

谢廷杰，字宗圣，号舜卿，明江西新建人，嘉靖三十八年（1559）进士，曾任监察御史，巡抚浙江，生卒不详，刊印过刘基《太师诚意伯刘文成公集》、王守仁《王文成公全书》，著有《两浙海防类考》四卷。是编当述明代海防事宜，有万历三年（1575）刻本，《明史·艺文志》载“谢廷杰，《两浙海防类考》十卷”。邓衍林编《中国边疆图籍录》：“《两浙海防类考》四卷，（明）谢廷杰撰，明刊本（天一阁藏）”。未见。

22.《两浙海防类考续编》十卷，（明）范涞编

范涞（1538—1614），字原易，号晞旸、好希，安徽休宁林塘（今属黄山市）人，万历二年（1574）进士，曾任江西南城令、南京刑部主事、户部员外郎、南昌知府、浙江按察司副使、浙江布政使、福建左布政使、海道副使等职。有《休宁理学先贤传》《晞阳文集》等著作传世。《江南通志》卷一六四、过庭训《本朝分省人物考》卷三七、《铭相集》卷四有传。

范氏嘉靖中曾任浙江布政使兼管按察使司海兵道，亲身感受两浙倭患之深，奉浙江巡抚刘元霖之命编纂此书。是编成书于万历三十年（1602），以《两浙海防类考》为基础，吸收《筹海图编》《海防考》等文献及其他浙江海防新资料增补而成，较前著更为详备。是编“备载三十年间巨纤沿革，其《筹海》《练兵》各旧籍有关于斥堠、隘塞、营哨、缮废、入寇、奏捷、占候及舟械图式如干条，咸摘要汇附。”[①]

全书十卷，共五纲四十六目。每目分原考、续考、申谕、备录、附议五部分。卷首为史继辰序、滕伯轮两浙海防类考旧序、范涞后序、余一龙两浙海防类考旧后序。卷一为浙江舆图叙、两浙舆图、全浙海图、浙海指掌图、《日本国图》。卷二为浙江兵防官考、沿海卫所、浙江事宜、申明职掌、总参议设、各区战船、水陆官兵。卷三为官军兵船员兵及防守地方哨

① 《序》,《两浙海防类考续编》，明万历三十年浙江官刊本。

道；卷四为申严哨探、卫所军粮（附官军折钞）、官兵粮饷、战船料税、卫所军需（附公费犒赏）。卷五为全浙兵饷、高渔税银事宜。卷六设为仓粮条议、窑军砖瓦、修理城垣。卷七为操练官兵、考察官捕；获功赏格、大捷考。卷八为辩倭真伪、全浙总论、羊山防守、陈钱向导、普陀禁约、海山沿革、天涨涂田、风雨占候、潮汐占候。卷九为王官使倭事略、倭奴朝贡事略、倭国事略、浙江倭变记、遇难殉节考。卷十为海船图说、火器图说、兵器图说。是编作为一部区域性海防专著，较他书后出，又因其原考与续考分明，可以依据文献的演进考察浙江海防的变化，又有《倭奴朝贡事略》《倭国事略》等有关日本认知的篇目，是研究明代浙江抗倭、中日关系的重要史料。

清何绍基《（光绪）重修安徽通志》卷三百三十九："《两浙海防类考续编》十卷，范涞著"。清黄虞稷《千顷堂书目》卷八："范涞《两浙海防类考续编》十卷"。清嵇曾筠《（雍正）浙江通志》卷二百五十四："《两浙海防考续编》十卷，万历壬寅，巡抚刘元霖令右布政范涞辑，左布政史继辰为序"。清嵇璜《续通志》卷一百五十九艺文略："《两浙海防考续编》十卷，明范涞撰"。清嵇璜《续文献通考》卷一百七十一经籍考："范涞《两浙海防类考续编》十卷，涞字原易，休宁人，万历进士，官至福建右布政使"。清阮元《文选楼藏书记》卷一："《两浙海防类考续编》十卷，刊本。是书详考筹海事宜，列编五列四十二条，万历间金一龙所纂，范涞续修"。清徐乾学《传是楼书目》："《两浙海防考续编》，十本，又一部，十二本"。

清永瑢《四库全书总目》卷七十五史部三十一："《两浙海防类考续编》十卷（浙江汪启淑家藏本），明范涞撰。涞字原易，休宁人。万历甲戌进士，官至福建右布政使。自嘉靖中倭寇犯两浙，沿海郡县，被害最深。故守土者以海防为首务。胡宗宪作《筹海图编》后，续之者有《海防考》《海防类考》诸书，而沿革不常，每有阙略。万历二十九年，涞官海道副使，因取诸书复加增广，故名曰《续编》。前有史继辰序，并《类考》旧序二首。凡四图，四十一目，于兵卫、巡防、饷额各事宜，颇为详备。惟多录案牍之文，未免时伤冗漫耳。《江南通志》列涞于《儒林传》中，载所著有《休宁理学先贤传》《范子咙言》《晞阳文集》，独不及此书。盖自宋以来，儒者例以性命为精言，以事功为霸术，至于兵事，尤所恶言。殆作志者恐妨涞醇儒之名，故讳此书欤？然古之圣贤，学期实用，未尝日日画《太极图》也"。

版本有明万历三十年浙江官刊本，影印收入《四库全书存目丛书》史部及《续修四库全书》史部。又有 1983 年台北成文出版社《中国方志丛书》影印本及 1987 年台湾学生书局《中国史学丛书三编》影印本。2012 年线装书局《中国海疆文献初编·明代倭患》影印收录。

23.《海防图论》一卷，（明）胡宗宪辑

作者参见《筹海图编》条。

是编一卷，又名《海防图说》《海防论》，约撰于胡氏在浙江平倭之初，后经明王世德、殷都增补，经学者研究其部分内容与郑若曾《万里海防图说》同，故或题郑若曾撰。天启元年（1621）吴兴闵声辑《兵垣四编》时，后附此书，正文包括海防图、广东要害论、琼管论、广福通番当禁论、福洋五寨会哨论、福宁州论、广福浙兵船当会哨论、浙江四参六总分哨论、舟山论、浙直福兵船当会哨论、苏州水陆守御论、江北设险方略论、江淮要略论、山东预备论等内容，及补辑：辽东军饷论、日本考略。全书从整体和局部详细论述了各地的战略优势及在抗倭活动中的重要作用，提出了御之于远洋，歼敌于近岸，各省联合防御，协同会剿，内外夹持，水陆兼备的御倭思想以及具体的应战方略，是研究明代海防的重要资料。

清丁仁《八千卷楼书目》卷八史部："《海防图论》一卷，明胡宗宪撰，兵法汇编本，兵垣四编本"。清范邦甸《天一阁书目》卷一："《海防图论》，一册"。嵇璜《续通志》卷一百六十五图谱略："明郑若曾《海防图论》，又《万里海防图说》"。清永瑢《四库全书总目》卷七十五史部三十一："《海防图论》一卷，浙江范懋柱家天一阁藏本，明郑若曾撰。若曾有《郑开阳杂著》，已著录。是图乃若曾与唐顺之所共定，凡十二幅。其式以海居上，地居下，乃画家远近之法，若曾具为之辨。胡宗宪所题为《海防一览》者，即此书也。其书成于《万里海防图》之先，盖草创未详之本。后其六世孙定远刊《海运图说》《黄河图议》等编，复并是书刻之云"。

是编在乾隆间被列为禁毁，版本有明万历《兵垣四编》本、《半亩园丛书》本、《兵法汇编》本等多种。《兵垣四编》本，署"兵部尚书新都胡宗宪撰"，卷前有吴兴世德堂主人识《海防图论小引》、胡宗宪《海防图论序》、吴殷都无美述《海防图论评》，正文每半页八行，行十七字，左右单边，无界栏，正文有眉批，多点评语。卷末有闵映张识跋，1990 年《中国兵书集

成》收录此版本。《丛书集成续编》影印收录全文，原版由“新昌庄肇麟木生氏校刊”，卷前《小引》《序》《评》，正文每半页十一行，行二十三字，大黑口，左右双边，有界栏，版心中镌书名、页码。卷末有“东海后学徐良跋”。

另有同治壬申仲春虞山后知不足斋刊本，原版由“常熟鲍廷爵叔衡甫校刊”，卷前《小引》《序》《评》，正文每半页十行，行二十三字，细黑口，左右双边，有界栏，版心中镌书名、页码，下镌“后知不足斋校刊”字样。2005 年中华全国图书馆文献缩微复制中心《中国边疆史志集成·海疆史志》影印收录。

24.《万里海防图说》二卷，（明）郑若曾撰

作者参见《筹海图编》条。

《万里海防图说》二卷，又名《万里海防图》《海防一览图》，约成书于嘉靖四十年（1561），共 12 幅图，图式上为海洋，下为陆地，第一至三幅“正南向”，绘广东区域；第四至六幅“东南向”，绘福建区域；第七、八幅“正东向”，绘浙江区域；第九幅“正东向”，绘南直隶区域；第十幅“正东向”，绘山东区域；第十一、十二幅“正东向”，绘辽东都司区域。每图上均有说明文字。

清永瑢《四库全书总目》卷七十五史部三十一：“《万里海防图说》二卷（浙江巡抚采进本），明郑若曾撰。是书乃若曾入胡宗宪幕府以后，与同事邵芳取旧撰《海防图论》，复加考定。起广东，历福建、浙江、南直隶、山东、辽东，计程八千五百余里。杂图七十五，各为之论。若曾自序以为‘许默斋《九边图论》详於西北，此独详於东南’云。”四库全书本《郑开阳杂著》卷一、二为《万里海防图论》，卷八为《海防一览图》，研究表明后者为前者初稿。是图在明代海防图体系中地位独特，是《筹海图编》的材料来源之一，对当时及后世海防情形产生了深远的影响。

明焦竑《国史经籍志》卷三史类：“《万里海防图论》二卷，郑学曾”。明祁承㸁《澹生堂藏书目》：“《万里海防图论》二卷，俱郑若曾”。清嵇璜《续通志》卷一百五十九艺文略：“《万里海防图说》二卷，明郑若曾撰”。清冯桂芬《（同治）苏州府志》卷一百三十七：“《万里海防图论》二卷”。

清黄虞稷《千顷堂书目》卷八："郑若曾《万里海防图论》二卷"。清万斯同《明史》卷一百三十四志一百八："郑若曾《万里海防图论》二卷"。清张岱《石匮书》卷三十七："《万里海防图论》郑学曾"。清张廷玉《明史》卷九十七志第七十三："《万里海防图论》二卷"。篇名或为"论"，著者或为"郑学曾"，有误。

版本有《四库全书》本，1932 年陶风楼石印《郑开阳杂著》本。

25.《全浙兵志考》三卷附《日本风土记》五卷，（明）侯继高撰

侯继高（1533—1602），字龙泉，金山卫（今属上海）人，祖籍江苏盱眙，其七世祖侯林随朱元璋征战，家族世袭武职。嘉靖二十七年（1548），年仅 16 岁的侯继高袭承金山卫指挥同知，隆庆元年（1567），调任吴淞把总，后历任南京坐营指挥同知、惠州海防参将、漳潮副总兵、狼山副总兵、南京后军都督府佥书，万历十三年（1585）升任浙江总兵官，成为浙江最高军职官员，任此职十二年，万历二十五年调任广东总兵官，万历三十年病故。侯氏为官 50 多年，主要在江浙闽粤沿海地区任军职，参与巩固海防，指挥抗倭战事，显示了出色的军事才能，侯氏又工于诗文，戎马之余，有《全浙兵制考》《日本风土记》《游补陀洛迦山记》《补陀山志》等著作传世，普陀山上，其书"海天佛国""山海奇观""盘陀山""白华山"等石刻，笔力遒劲，至今犹在。

是编又名《两浙兵制考》，首刊于万历二十一年（1593）。日本内阁文库延宝五年（康熙十六年，1677）写本，录自万历刻本，卷一全浙海图、海图总说、水陆兵制，杭嘉湖区图、杭嘉湖区图说、杭嘉湖兵制、卫所烽堠，本区倭乱纪，宁绍区图、宁绍区图说、宁绍兵制、卫所烽堠、本区倭乱纪；卷二台金严区图、台金严区图说、台金严兵制、卫所烽堠、本区倭乱纪，温处区图、温处区图说、温处兵制、卫所烽堠、本区倭乱纪，附录近报倭警；卷三修造福船略说，附纂造新修旧大小福鸟舩料数；附日本风土记。与《四库全书总目提要》中"两浙兵制条"所记内容明显不同，四库提要所依当另有其他版本。据时培磊《侯继高<全浙兵制考>与<日本风土记>的关系》考证，附录中《日本风土记》与明代李言恭、郝杰《日本考》内容完全相同，作者问题有待进一步考证。

是编对浙江全局和各个地区的卫所设置、兵力部署，及遭受倭乱情况等内容，均有详细记述，对战船的修造情况，包括各式战船的长宽深度、各处用料、费银等内容也有详细记载，附录中对日本当时的地理、政治、经济、语言、文学、风俗等方面，记载犹详。从应对战争的角度讲，可谓知己知彼，实用性强。同时，是编也是当前研究明代海防军制、日本历史的重要文献，有补史之用。

明祁承㸁《澹生堂藏书目》：“《全浙兵制考》四卷，四册，侯继高”。清黄虞稷《千顷堂书目》卷九：“侯继高《全浙兵制考》四卷”。清阮元《文选楼藏书记》卷二：“《全浙兵制》三册，总兵侯继高辑，金山卫人，刊本。是书专为备倭而作，详具水陆各军规制事宜”。清万斯同《明史》卷一百三十四志一百八：“侯继高《全浙兵制考》四卷”。清丁仁《八千卷楼书目》卷十子部：“《两浙兵制》三卷，明侯继国撰，日本抄本”。清嵇曾筠《（雍正）浙江通志》卷二百五十四：“《两浙兵制考》四卷，万历癸巳将军侯继高撰”。清嵇璜《续通志》卷一百六十一艺文略：“《两浙兵制》四卷，明侯继国撰”。清嵇璜《续文献通考》卷一百八十三经籍考：“侯继国《两浙兵制》四卷。继国号龙泉，金山卫人，世袭指挥使。臣等谨案：是书第一卷首列全浙海图，附以说并及沿革兵制，第二卷载造战船及火器军器营操甲操等图，第三卷载倭警始末，第四卷为《日本风土记》。于一时海防军政最为详悉，惟日本记有録无书，疑装葺者偶佚之耳”。

清永瑢《四库全书总目》卷一百子部十：“《两浙兵制》四卷（浙江巡抚采进本），明侯继国撰。继国号龙泉，金山卫人。世袭指挥使。是书第一卷首列全浙海图，附以说，并及沿革兵制。又析杭、嘉、湖三府为一图，宁、绍二府为一图，台、金、严三府为一图，温、处二府为一图。图后均有说，并详列其兵制、烽堠、倭犯。第二卷载造战船、福船、鸟船、沙船、唬船、火器、军器及营操、申操、哨操、伍操等图。第三卷载倭警始末。第四卷为日本风土记。于一时海防军政，最为详悉。惟《日本风土记》有录无书，疑装缉者偶佚之也。考明世宗本纪，二十年五月，倭犯朝鲜，陷王京，朝鲜王李昖奔义州求救。二十一年正月，李如松攻倭于平壤，克之。四月，倭弃王京逃，使小西飞请封。二十三年正月，封平秀吉为日本国王。二十四年九月，平秀吉抗不受封，复侵朝鲜。此书中倭警始末载，朝鲜国王奏，二十九年九月、十月、十一月，倭贼仍于庆州机张县、蔚山郡丽阳县、梁山郡等处肆意攻掠。而经略宋应昌为倭奏请封贡，乃即在此数月内。则倭之请贡非实可知。又载充龙港船商许豫，侦知倭贼初败于平壤，即食尽矢穷，思逃无路，乃以封贡议和，是堕其计。又称倭贼素诈，议和后新造大艘10余只，将欲为乱，恐和非实。与李昖所奏情事相符。乃应昌力主和议，反斥李昖妄奏。是二十四年日本之叛，应昌罪无可辞。此书实可以曲证史事。而应昌所著《经略复国要编》，于李昖之奏，许豫之侦，辽东巡按之讦，概不录入，则自张其功而匿其短也。此书又可以勘其谬矣。惟考《平壤录》，载日本谢表无年月，当时断为沈惟敬捏造，而此书载之。又多列案牍全文，辞旨鄙俚，失于删润，是则不免小疵耳。"

书名或录为两浙兵制、两浙兵制考，全浙兵制、全浙兵制考，著者或为侯继国，流传中多有漏误。版本有日本内阁文库藏明万历刻本，内阁文库抄本。抄本卷首末钤有"日本政府图书""浅草文库""弘文学士馆""内阁文库"等印。另有日本"棉氏旧抄本"，影印收录于《续修四库全书》《四库全书存目丛书》。

26.《御倭杂著》，（明）唐枢著

唐枢（1497—1574），字惟中，号子一，晚号一庵，嘉靖五年（1526）进士，授刑部主事，性格耿直，因事触怒世宗，革职为民，隆庆元年（1567）古稀之年得以复官。唐氏早年从学湛若水，博学有识，志在经邦济世，精通舆地之学，编纂了《湖州府志》《乌程县志》《归安县志》 等多部方志，著有《一庵语录》《木钟台集》。《明史》卷二百〇六有传。《御倭杂著》收录于明陈子龙编《皇明经世文编》卷二七〇，包括简分守公、复胡默林论处王直、上督府开市事宜、复潘笠江姜蒙泉守巡二公等四篇。唐氏另有《海议》一篇。马大正《吴丰培边事题跋集》中"御倭杂著"条："《明史》本传：'枢字惟中，归安人，嘉靖五年进士，授刑部主事。'《世宗实录》：'嘉靖三十七年六月戊午，诏举将材，唐枢亦在举中，后不果用。'盖因枢知兵故举之：《筹海图编》采其说甚多，又著录其《海议》一篇，所论皆当时要务，为世所推重云。"[1] 版本有崇祯间平露堂刻本。

---

① 吴丰培著，马大正等整理:《吴丰培边事题跋集》，乌鲁木齐：新疆人民出版社,，1998年，第40页。

27.《倭志》一卷，（明）王世贞撰

王世贞（1526—1590），字元美，号凤洲，又号弇州山人，江苏太仓人，嘉靖二十六年（1547）进士，官至刑部尚书，文学家，史学家，才识渊博，工诗古文，“后七子”领袖，主张“文必秦汉，诗必盛唐”，有《弇山堂别集》《弇州山人四部稿》等著作传世。是篇记述日本与明朝往来历史概况，着重介绍嘉靖年间抗击倭寇侵扰经过，其中对发生在抗倭中心的浙江记述尤详，如“宁波之乱”、胡宗宪擒获汪直等。是篇见于《王弇州文集》。明祁承爜《澹生堂藏书目》：“《倭志》一卷”。明王士骐《皇明驭倭录》附录卷一收录全文。版本有清初抄本，每半页十行，行二十字，小字双行，无边栏。《玄览堂丛书续集》第十五册影印收录。

28.《徐海本末》一卷，（明）茅坤撰

茅坤（1512—1601），字顺甫，号鹿门，归安（今浙江湖州吴兴）人，嘉靖十七年（1538）进士，散文家、藏书家。历任青阳、丹徒知县，颇有政绩，迁为礼部仪制司主事，吏部稽勉司。嘉靖二十五年（1546）被外调谪为广平通判，广西兵备佥事，河南副使等职，官至大名兵备副使。茅氏性好谈兵，文武兼备，嘉靖二十六年（1547年），曾入胡宗宪幕，共商兵机，参与抗倭活动。后因其家人横行乡里，茅氏被削籍，遂归乡隐居，专事著述。有《白华楼置稿》《玉芝山房稿》《浙江分署纪事本末》《史记钞》《纪剿徐海本末》《茅鹿门集》等多种著作行世。

是编又名《纪剿徐海本末》《纪剿》，专记明嘉靖三十五年徐海引倭入寇，危害浙江沿海，胡宗宪设计诱杀徐海一事本末，时间起自嘉靖三十五年四月，止于当年八月，着重记述徐海的海上军事力量之强，危害之大，胡宗宪历次抗击的具体过程，以及在筹谋诱杀进程中胡宗宪与徐海、陈东等人的交锋，卷末附徐海夫人王翠翘事。茅氏亲身见闻，记录详尽，是研究明代倭寇事件较为重要的参考资料。清袁裥将此书与《汪直传》合刻为《海寇续编》，收入《金声玉振集》。清周中孚《郑堂读书记》卷二十四史部十“《徐海本末》一卷，借月山房汇钞本……《四库全书存目》：是编乃其记浙江总督胡梅林宗宪诱诛海寇徐海之事。考梅林《筹海图编·纪剿徐海始末》与此编所载相同，均与明史纪传相符合。盖鹿门久在梅林幕中，共筹军事，故所纪俱得之目击，宜其与梅林自纪无异也。本载鹿门集中，徐

褧摘录入金声玉振集。张海若遵提要例从徐氏书录出校梓，后有嘉靖乙丑谢湖老人不著名氏附记”。

清丁仁《八千卷楼书目》卷五史部：“《徐海本末》一卷，明茅坤撰，泽古斋本”。清嵇璜《续文献通考》卷一百六十六经籍考：“茅坤《徐海本末》一卷，坤字顺甫，归安人，嘉靖进士，官至大名兵备副使，事迹具《明史文苑传》”。清刘锦藻《清续文献通考》卷二百七十一经籍考十五：“徐海本末一卷明茅□”。清永瑢《四库全书总目》卷六十五史部二十一：“《徐海本末》一卷（户部尚书王际华家藏本），明茅坤撰。坤字顺甫，归安人，嘉靖戊戌进士，官至大名兵备副使，事迹具《明史·文苑传》。坤好谈兵，罢官后值倭事方急，尝为胡宗宪招入幕，与共筹兵计。此编乃纪宗宪诱诛寇首徐海之事。皆所亲见，故叙述特详，与史所载亦多相合。袁褧以此书与《汪直传》合刻入《金声玉振集》中，题曰《海寇后编》。今析出各著于录焉。”

明茅坤《茅鹿门文集》卷三十杂著、明胡宗宪《筹海图编》卷九、清顾有孝《明文英华》卷七、清黄宗羲《明文海》卷三百四十六记二十收录全文。1993 年四川大学图书馆编《中国野史集成》巴蜀书社影印出版借月山房汇钞本。1936 年北京商务印书馆王云五主编《万有文库》第一集第一千种、1982 年中国历史研究社编上海书店出版社出版《倭变事略》排印点校收录全文。

版本有借月山房汇钞本、泽古斋重抄本、金声玉振集本。借月山房汇钞本，正文每半页九行，行二十一字，左右双边，有界栏，上单鱼尾，白口，版心上镌书名、中镌页码。卷末附《四库全书存目提要》“徐海本末条”提要。嘉靖二十九年（1550）吴郡袁氏嘉趣堂刊《金声玉振集》，正文每半页十行，行十八字，左右双边，有界栏，上单鱼尾，白口，版心中镌书名、页码。

29.《汪直传》一卷，（明）不著撰人

汪直，安徽徽州人，明嘉靖年间出海走私，勾结倭寇，先后以双屿港（今舟山六横）、烈港等岛为据点，侵扰东南沿海，海上势力强大，自称靖海王，又称徽王。嘉靖三十年（1551 年），汪氏派徐海、陈东、萧盛等人引倭入寇，祸及浙江、江苏沿海，危害巨大。是篇记述汪氏发迹缘起，势力

做大的概况，详细记述了嘉靖三十八年（1559）浙闽总督胡宗宪计诱擒杀汪直及其党羽之始末，对胡宗宪之多谋颂扬备至，对汪直勾结倭寇危害国家痛加申斥，是研究明代倭寇问题的重要史料。

是篇著者不详，清永瑢《四库全书总目》卷六十五史部二十一："《汪直传》一卷（户部尚书王际华家藏本），不著撰人名氏。记嘉靖中汪直引侵入寇海上，及总督胡宗宪以计诱杀直事，所以归功于宗宪者甚至，或其幕客所作也。"其内容与《筹海图编》中"擒获王直"完全相同，王先谦《日本源流考》中引用此篇，著者作谢顾。清周中孚《郑堂读书记》卷二十四史部十："《汪直传》一卷，借月山房汇钞本。不著撰人名氏。嘉靖中贼首汪直引倭入寇海上，竟为总督胡梅林宗宪给至杭州斩之，枭示于浙。是编乃详纪其事皆核而实，始末具见与梅林《筹海图编》纪擒汪直始末相同，且均与明史纪传相符合当即其幕客所为也。袁褧以此书及《徐海本末》刻入《金声玉振集》中，题曰《海寇后编》，并为之记。张海若遵提要例，又摘出校梓云。"清丁仁《八千卷楼书目》卷五史部："《汪直传》一卷，不著撰人名氏，泽古斋本。"

版本有借月山房汇钞本、泽古斋重抄本、金声玉振集本。借月山房汇钞本，正文每半页九行，行二十一字，左右双边，有界栏，上单鱼尾，白口，版心上镌书名、中镌页码。卷末附《四库全书存目提要》"汪直传条"提要。嘉靖二十九年（1550）吴郡袁氏嘉趣堂刊《金声玉振集》，正文每半页十行，行十八字，左右双边，有界栏，上单鱼尾，白口，版心中镌书名、页码。1935年王云五主编商务印书馆《丛书集成初编》排印收录全文。1993年巴蜀书社《中国野史集成》影印收录。

30.《平倭四疏》三卷，（明）章焕撰

章焕，字扬华，又字楙实（或作茂实），号罗浮山人，明代长洲（今江苏苏州）人，诗文家，生卒不详。嘉靖十七年（1538）进士，历任刑部主事、南京太仆少卿、光禄寺卿、都察院右佥都御史等职。明雷礼《国朝列卿记》载有章氏事迹。著有《华阳漫稿》，《明经世文编》卷二百七十二收录章氏《御倭考》一篇。

是编乃嘉靖间倭寇侵犯浙江沿海，章氏遂上《平倭四疏》，又上《安攘八事》，当时影响颇大。据《翁方纲纂四库提要稿》，是编共三卷：卷一《陈

末议以固海防以裨安壤疏》，章氏任南京太仆寺少卿时所撰，凡十二策；卷二《极陈倭情防远患以图久安疏》，章氏任南京太仆少卿时所撰；卷三《明职守以便遵行疏》，章氏任都察院右佥都御史奉勅巡抚福建所撰，以及《恳乞圣谕授成算以图安壤疏》。全书共四疏。

明朱睦㮮《万卷堂书目》卷二："《平倭四疏》三卷，章焕。"清范邦甸《天一阁书目》卷一："《平倭四疏》三卷。"清嵇璜《续通志》卷一百六十三艺文略："《平倭四疏》三卷，明章焕。"清嵇璜《续文献通考》卷一百六十二经籍考："章焕《平倭四疏》三卷。焕字，华长洲人，嘉靖进士，官至督理南京仓储右副都御史。"清永瑢《四库全书总目》卷五十六史部十二："《平倭四疏》三卷（浙江郑大节家藏本），明张焕撰。焕字扬华，一字茂实，长洲人，嘉靖戊戌进士，官至督理南京仓储右副都御史。焕初由刑部主事改吏部，擢南京太仆寺卿。值倭犯两浙诸郡，乃上《平倭疏》凡十二策。及转光禄寺卿，复上《安攘八事》。旋擢右佥都御史巡抚福建，又陈《明职守》《授成算》二疏。前后四疏，皆为倭事而发。此本乃嘉靖己未焕由河南巡抚拜督漕之命，将去汴时，周藩镇国中尉睦为序而刻之者也。"其中"张"当为"章"。

版本有嘉靖三十八年（1559）聚乐堂刻本，每半页八行，每行十八字，白口、四周双边，卷前有嘉靖己未秋周镇国中尉东陂居士睦㮮所撰序言。

31.《两浙备兵杞言》八卷，（明）蔡懋德撰

明崇祯间嘉湖兵备道吴郡蔡懋德撰。蔡懋德字维立，见《（雍正）浙江通志》。原书未见。

32.《备倭考》，（明）李贤撰

李贤，明代宁波人。雍正《浙江通志》卷二百五十四有著录："《备倭考》,《筹海图编》，宁波李贤撰"。清黄虞稷《千顷堂书目》卷八："李贤《备倭考》，宁波人"。散佚。

33.《海防略》，（明）钱薇撰

钱薇（1502—1554），字懋垣，号海石，浙江海盐人，嘉靖十一年（1532）进士，任礼科给事中，隆庆时赠太常少卿。清嵇曾筠《（雍正）浙江通志》

卷二百五十四：“《海防略》，槜李往哲列钱薇著”。散佚。

34.《海防事宜》，（明）茅坤撰

茅坤（1512—1601），字顺甫，号鹿门，浙江归安（今吴兴）人，嘉靖十七年（1538）进士，明代文学家。雍正《浙江通志》卷二百五十四：“《海防事宜》，《筹海图编》，副使茅坤撰”。散佚。

35.《海宁卫乘》，（明）采士英编

采士英，明代浙江海宁人。清黄虞稷《千頃堂書目》卷七：“来士英《海宁卫乘》十卷。字茂合”。清嵇曾筠《（雍正）浙江通志》卷二百五十三：“《海宁卫乘》十卷，《海盐县图经》，宋士英茂含撰”。“来”“宋”当为“采”。散佚。

36.《海宁卫志》，（明）王文禄撰

王文禄，字世廉，嘉靖十年（1531）举人。清黄虞稷《千顷堂书目》卷七：“王文禄《海宁卫志》”。清嵇曾筠《（雍正）浙江通志》卷二百五十三：“《海宁卫志》，《海盐县图经》，王文禄撰”。《海盐县志》亦提及此书。散佚。

37.《定海备倭纪略》，（明）梁文撰

清黄虞稷《千顷堂书目》卷八：“梁文《定海备倭纪略》，游击”。清嵇曾筠《（雍正）浙江通志》卷二百五十四：“《定海备倭纪略》，《海防纂要》，游击梁文撰”。散佚。

38.《两浙海防考》上下卷，（明）官修

清黄虞稷《千顷堂书目》卷八：“《两浙海防考》二卷，隆庆元年勅修”。清嵇曾筠《（雍正）浙江通志》卷二百五十四：“《两浙海防考》上下卷，隆庆元年勅修”。清徐乾学《传是楼书目》：“《两浙海防考》，一本”。散佚。

39.《海防考》一卷，（明）刘畿撰

清黄虞稷《千顷堂书目》卷八：“刘畿《海防考》一卷，浙江巡抚都御

史”。清嵇曾筠《(雍正)浙江通志》卷二百五十四:“《海防考》一卷,《(万历)杭州府志》,巡抚都御史刘畿撰”。散佚。

40.《日本贡市入寇始末》不分卷,(清)姜宸英撰

姜宸英(1628—1699),字西溟,号湛园,又号苇间,浙江慈溪人,史学家,书法家,曾祖为明朝名臣姜应麟。姜氏幼承家学,而立之年,便以诗文词驰誉江表,但科举之路颇坎坷,康熙三十六年(1697),古稀之年方摘得探花,两年之后,因涉嫌科场舞弊,冤死狱中,著有《湛园集》《苇间集》《海防总论》等。《日本贡市入寇始末》简述了自汉武帝至清康熙年间日本与中国之间的朝贡和商贸往来,及多次倭患,指出禁海并非解决倭患的最好办法,只有通过疏导,上饶下给,才能从根本上杜绝倭患。清代贺长龄《清经世文编》(清光绪十二年思补楼重校本)卷八十三兵政十四有著录,“日本贡市入寇始末拟稿,姜宸英。”《四库全书》和姜宸英《湛园集》卷四收录全文。

41.《嘉靖倭乱备抄》不分卷,(清)佚名撰

是编不著撰者姓名,采用编年体记事,按年系月,起自嘉靖二十三年(1544)八月,止于嘉靖四十五年闰十月,专记明朝嘉靖间抗倭事,对日本入贡引发的“宁波之乱”、胡宗宪等指挥抗倭及相关具体细节等记载颇为详细,可与《嘉靖东南平倭通录》《皇明驭倭录》等抗倭文献对读,是研究明代倭患的第一手资料,具有较高的史学价值。

清嵇璜《续通志》卷一百五十八艺文略:“《嘉靖倭乱备抄》二卷,不著撰人名氏”。清嵇璜《续文献通考》卷一百六十三经籍考:“《嘉靖倭乱备抄》二卷,不著撰人名氏”。清永瑢《四库全书总目》卷五十三史部九杂史类存目二:“《嘉靖倭乱备抄》二卷(两淮盐政采进本),不著撰人名氏。始嘉靖二十三年日本入贡,终于四十五年闰十月。凡倭之搆乱,以及平戢始末皆载之。大旨谓倭乱始于谢氏之通海,成于严嵩之任用非人,功罪颠倒,所言比正史为详。”

版本有清初抄本,每半页九行,行二十字,无边框,行格,藏于镇江博物馆。《四库全书存目丛书》史部、《续修四库全书》史部杂史类、《北京图书馆古籍珍本丛刊》及《中国野史集成续编》影印收录。

42.《海宁倭寇始末》一卷，（清）吴骞校

吴骞（1733—1813），字槎客，号兔床，诸生，浙江海宁人，著名藏书家，《海昌备志》：“（吴氏）笃嗜典籍，遇善本倾囊购之弗惜。所得不下五万卷，筑拜经楼藏之。晨夕坐楼中，展诵摩挲，非同志不得登也。”《海宁倭寇始末》一卷书记海宁在明嘉靖二十七年（1548）至三十五年间倭乱事。清吴寿旸《拜经楼藏书题跋记》卷二正史载记：“《海宁倭寇始末》，右一册，不著作者名氏，先君子校并有按语。”又有《海昌倭寇始末》，或为一书，为清代周春增补本。版本有稿本、清抄本、张宗祥抄本。张宗祥抄本跋文：“《海昌倭寇始末》一卷与《浙西水利书》合订一册，不著撰人。记自倭寇沿海诸役。后有吴兔床校跋、周松禹手札，眉上有兔床手批。予后取《海昌丛载》中五条补录于后。时在乙亥，距日本发难仅二年耳。”

43.《明倭寇始末》一卷，（清）谷应泰撰

谷应泰（1620—1690），字赓虞，别号霖苍，直隶丰润（今河北丰润）人，清初历史学家，博闻强识，工于文章，博览群书，肆力经史，顺治四年（1647）进士，初任户部主事、员外郎，后调任提督浙江学政佥事。在浙江任职期间，谷氏取士公允，选拔了不少人才，又能致力学术研究，延揽文人编著史籍，一时颇多赞誉，被誉为“清代文苑第一人”，有《明史纪事本末》八十卷、《筑益堂集》等著作传世。《清史列传》有传。

《明史纪事本末》约成书于顺治十五年（1658），早于《明史》，广泛参引明末张岱《石匮藏书》、谈迁《国榷》等史料，将明代历史分八十个专题叙述。《明倭寇始末》为其卷五十五《沿海倭乱》，主要记述有明一代倭寇侵犯东南沿海，胡宗宪、戚继光、卢镗等将领及江浙闽沿海军民抗击倭寇的情况，以时间为顺序，线索清晰，记述系统。因其成书较早，终有清一代未遭删禁，流传完整，是书对于研究明代的抗倭历史具有重要的史料价值。

清官修《清文献通考》卷二百二十一《经籍考》，“《明史纪事本末》八十卷，谷应泰撰，应泰字赓虞，丰润人，顺治丁亥进士，官至浙江提学佥事。”清丁仁《八千卷楼书目》卷四史部，“《明倭寇始末》一卷，国朝谷应泰撰，学海类编本，”又“《明史纪事本末》八十卷，国朝谷应泰撰原刊

本”。关于《明史纪事本末》亦有较多著录，清刘锦藻《清续文献通考》卷二百七十二《经籍考十六》，“《明史纪事本末》八十卷，谷□□。”清官修《清通志》卷九十九艺文略，“《明史纪事本末》八十卷，谷应泰撰。”清王太岳《四库全书考证》卷三十一，“《明史纪事本末》，浙江学政佥事谷应泰编”。清周中孚《郑堂读书记》卷十七史部三，“《明史纪事本末》八十卷，筑益堂刊本”。清永瑢《四库全书总目》卷五十四史部十杂史类存目三，“《明倭寇始末》一卷（编修程晋芳家藏本），旧本题国朝谷应泰撰。应泰有《明史纪事本末》，已著录。此即本末中之一卷，书贾抄出，以给收藏之家者也。”上海图书馆《中国图书综录（二）》子目“《明倭寇始末》一卷，清谷应泰撰，学海类编本（道光本，景道光本）集余二，丛书集成续编史地类”。

版本有道光六年（1826）晁氏活字刊学海类编本、顺治十五年筑益堂本、文津阁本、江西书局本、广雅书局本、崇德堂本、思贤书局本等多种。学海类编本，每半叶九行，行二十一格，每行镌二十字，字宋体，遇年份抬一格镌刻，四周单边，有界行，上单白鱼尾，版心上镌“学海类编”丛书名，中镌书名及页码，下镌“事功”字样。

1936 年《中国内乱外祸历史丛书》收录是书，题名为《倭寇始末》。1936 年北京商务印书馆王云五主编《丛书集成初编》第 3919 册有《明史纪事本末》排印本，是书即为《明史纪事本末》卷五十五《沿海倭乱》。1985 年北京中华书局《丛书集成初编》据学海类编本排印。1985 年台湾世界书局出版景印《摛藻堂四库全书荟要》史部第一百二十五册别史类收录《明史纪事本末》。1977 年中华书局出版了《明史纪事本末》标点本。

44.《东倭考》一卷，（清）金安清撰

金安清（约 1817—1880），字眉生，号傥斋，晚号六幸翁，浙江嘉善人，晚清经世派知识分子。国子监生，后放弃科举，其人颇有经世之才，早年曾游走于京师公卿间，为林则徐、曾国荃等人赏识，入曾氏幕府，出谋划策，深得器重。历任泰州府同知、海安通判、湖北督粮道、两淮盐运使等职。金氏行为不检，声名不佳。咸丰十年（1860）任江苏按察使，次年后被劾免职。同治四年（1865）再遭弹劾，被押解回籍。同治十年，因劝捐有功，赏复原官阶。金氏有才气，通经史，工诗文，善理财，长于盐、漕、河、洋诸务。清代史料笔记丛刊《水窗春呓》点校说明中言：“其人思想敏

锐，而品德不端。要为清朝方面有数之经济人才。”有《水窗春呓》《东倭考》《筹洋三策》《能一编》《六幸翁文集》《偶园诗稿》《宫同苏馆全集》《林文忠公传》等著作传世。

《东倭考》一卷，小方壶斋舆地丛钞第十帙选录，约六千字。东倭即日本，是编大体以编年顺序记述。首先介绍日本与中国的交往，认为日人乃徐福东渡而成的传说实不可信。其次，介绍自梁末至两宋日本僧人、遣唐使来华学习概况。再次，介绍元朝与日本的通使、征讨，记述稍详。再次，介绍明朝初年日本对中国沿海的侵扰、明朝与日本的通使以及明朝在闽浙粤等沿海地区的军事布防、万历间丰臣秀吉侵略朝鲜事，重点介绍了嘉靖间的浙江、福建等地的抗倭作战，所记犹详。再次，介绍了清初收复台湾过程中与日本的角力。最后，重点论述了日本较之欧洲各国对中国的巨大威胁，以及日本民族性的凶残狡诈贪婪好战，并举历代战例为证。金氏指出“夫以蕞尔之躯抗衡上国自隋唐以来英君猛将无一有大创之者，非谋勇力量之不及也。中华兵勇不系海战，载之出洋已无敌气，及波涛汹涌，颠簸上下，已困殆思归者矣”。并言日本当时拥有强大的海上军事力量，且极其狡悍，清朝几乎无力抵抗，只能寄希望于“天道昭昭”，玩火自焚了，清朝应该隐忍，“倭人尚武恃强如此，不久必败，我大邦似不必引绳披根兴之计论而徒，是以摇动内地人心也。”

版本有小方壶斋舆地丛钞本、中国内乱外患历史丛书本。光绪间上海著易堂铅印本《小方壶斋舆地丛钞》，每半页十八行，行四十字，四周双边，有界栏，上单鱼尾，白口，版心上镌丛书名、中镌书名及页码，下镌“南清河王氏铸版上海著易堂刊行”。1951年神州国光社《倭变事略》排印收录《东倭考》全文。

45.《筹洋三策》一卷，（清）金安清撰

作者参见《东倭考》条。

是书专记金氏有关海洋谋划的观点、策略，有清末傅氏长恩阁抄本。未见。

46.《万里海防图》一卷，（清）朱子庚制

朱子庚，号秋舫，仁和（今浙江杭州）人。该图为道光二十三年据明

崇祯年间刻本摹刻而成，纸质彩绘本，高 34.6 厘米，长 393 厘米，地理范围起自钦州，讫于鸭绿江，详细注明了沿海海防备倭情况。

第四节 南明抗清文献

崇祯十七年（1644），明朝灭亡后，剩余势力弘光、鲁王、隆武、永历等多个政治军事力量在南方继续抗清，其中鲁王朱以海主要在浙东沿海温州、宁波、舟山等地组织抗清斗争，特别是在舟山群岛在张名振、张煌言等人的护卫下持续近两年。唐王朱聿键隆武政权在福建沿海组织抗清。黄宗羲、任光复、金堡等人均作为随从亲身参与抗清活动，相关记载形成了一系列南明抗清文献。

1.《领海焚余》三卷，（明）金堡撰

金堡（1614—1680），字卫公，又字道隐，浙江仁和（今杭州）人，10 岁能文，聪颖超群，有韬略，性耿直，崇祯十三年（1640）进士，任临清知州，勤政爱民，有政声。明亡后，有恢复志，先后任隆武帝、永历帝礼科给事中，多次上书进言，遭人嫉恨，得罪几死。后出家为僧，广东韶州（今韶关）丹霞山创别传寺，自任主持。著有《遍行堂集》《岭海焚余》《丹霞澹归掸师语录》等。王夫之《永历实录》卷二一、孙静庵《明遗民录》卷四七有传。

岭海泛指隆武、永历两朝统治区域，主要在福建、两广一带。金氏历经坎坷战乱，文稿已残缺不全，故题名《岭海焚余》。是编三卷，共四十九篇，均为金氏奏疏。其中上卷十八篇，为隆武朝奏疏，从乙酉（1645）十月至丙戌（1646）八月；中下卷为永历朝奏疏，从永历戊子（1648）十一月至庚寅（1650）正月。内容针砭时弊，清除奸佞，褒奖忠良，分析当时天下形势，提出用兵方略，希望能力挽狂澜，体现了金氏不凡的军事、政治见识和才能，是研究南明史的重要文献。

金氏志在反清复明，文中对清朝多为蔑称，致使其身后遭遇文字之祸。乾隆四十年（1775）发现金氏《遍行堂集》中多有违碍字句，金氏著作、墨迹、碑刻、坟墓被毁。《岭海焚余》未见刻本，南浔张氏得旧抄本，始刻入《适园丛书》。1981 年江苏广陵古籍刻印社据以影印。

2.《海东逸史》十八卷，（清）翁洲老民撰

作者身世无考，或为明季遗民。是书原题翁洲老民手稿，约成书于清康熙年间，多处参引《小腆纪年》，采用纪传体例，详细记载南明鲁王政权兴衰始末。卷一卷二为鲁监国纪，以编年形式记鲁王监国事，卷三为家人传，记监国诸妃，卷四至十三为诸臣列传，卷十四至十七为忠义传，卷十八为遗民传，包括张煌言、钱肃乐、张名振、朱舜水、余煌、张肯堂、董守谕、王正中、章正宸等二百八十余人事迹。该书关于郑成功奉鲁监国驻澎湖，后又迎居于金门等事，是他书未曾记录的，鲁王墓在金门确为事实，也印证了所记不虚，在多种相关文献中其史料价值尤为突出。但作为纪传体野史，亦不乏舛误之处。清李慈铭《越缦堂读书记》言“所载无甚异闻，其叙鲁王元妃会稽张氏，萧山人；又云叛将张国柱掳妃去，不知所终，则乖谬之甚”。民国赵尔巽《清史稿》志一百二十八艺文二：“《海东逸史》十八卷，不著撰人氏名”。版本有光绪十年（1884）慈溪杨氏饮雪轩刻本，内有“光绪十年甲申冬月慈溪杨氏经畬塾藏版”牌记，卷前有会稽孙德祖序，半页十二行，每行二十五字，小字双行，左右双边，版心镌书名、卷次、页码、刻书堂名，白口，单黑鱼尾。清光绪九年杨氏饮雪轩抄本，国家图书馆（清杨泰亨校注并跋）、南京图书馆有藏。清光绪十年慈溪杨氏经佘塾刻本，国家图书馆、北大、上海、辽宁、南京等图书馆有藏；民国二十一年据光绪十年有慈溪杨氏饮雪轩刻本重印本。民国三十六年中国历史研究社辑上海神州国光社铅印本、北大、上海、复旦、辽宁、南京、浙江图书馆有藏。另有四明丛书本（据民国二十一年重印本影印）、邵武徐氏丛书本。又有1985年浙江古籍出版社标点整理本，为《明末清初史料选刊》之一种。

3.《舟山纪略》一卷，（清）佚名编

是书不著撰人姓名，专记明末鲁王朱以海在舟山抗击清兵始末。清杨凤苞《秋室集》卷二：“《舟山纪略》，无名氏。此皆专纪鲁藩者也。”郑振铎辑《明季史料丛书》收录。版本有1934年圣泽圆景印本，国家图书馆、上海图书馆、南京图书馆藏。另有《舟山始末》一卷，清鱼元傅抄本，谢国桢《增订晚明史籍考》卷十二《舟山始末》言：“与《纪略》或为一书。”

4.《浙东纪略》一卷，（清）徐芳烈撰

徐芳烈，字涵之，杭州萧山人，选贡，曾任南明鲁王政权中书舍人，具体生平事迹不详。

是编采用日记体形式，重实录，少修饰，专记南明鲁王政权浙东一年间抗清事，起自清顺治二年（1645）五月十一日清军破南京，弘光帝出走，止于次年六月。徐氏开篇言“乙丙之交，大清尚未一统，浙东一隅，亦以南北分之，纪实也，使易辨也”。是书对顺治二年闰六月江上起兵，沿江布防情形，鲁王在台州、舟山等沿海地区的抗清努力，唐王与鲁王之间的矛盾等均有记录。尤其是关于浙东地区诸多官员、缙绅举兵抗清，不惜破家守土，大义凛然，甚至慷慨就义的记载颇多。书中辑存了大量诗文遗墨。如：张国维兵败自缢，《绝命诗》三首：一曰：艰难百战戴吾君，拒北辞唐气属云。一去仍为朱氏鬼，英灵常伴孝皇坟！二曰：一瞑纤尘不挂胸，惟哀耋母暮途穷。仁人锡类应垂泽，存没衔恩结草同！三曰：夙训诗书暂鼓钲，而今绝口不谈兵。苍苍若肯施存印，秉丰全躯答所生！再如：王之仁从容赴死，《绝命诗》二律：一曰：黄沙白浪起狂飙，力尽钱塘志未消。半世功名垂马革，全家骨肉付江潮。诗题四壁生如在，大笑秋空死亦骄。三百年来文字重，只今惟有霍骠姚！二曰：通济桥边独步时，国门惊见汉宫仪。欲将须发还千古，拼取头颅掷九逵。死后只应存剑铗，世间终是有男儿！瓣香拈起寒霜劲，白日含愁不敢悲！从中可见明清易代之际浙东地区世人忠贞不屈的崇高民族气节。徐氏云：“一年之中，浙东情事大约如是，其一代人心风俗，概可知已！”篇末徐氏提及海外舟山闽中事另当续入，惜未见。

清全祖望《鲒埼亭集外编》卷三十题跋《明大学士熊公行状跋》中言“诸野史多疏漏，只萧山徐氏《浙东纪略》稍具首尾”。同时指出：“徐氏《浙东纪略》亦有误者，如谓王之仁来归出公之力，不知此乃钱忠介公事，误移之公。”谢国桢《晚明史籍考》言：“作者身历行间，记乙酉闰六月江上义师四起，沿江布防情况，以及唐鲁之间矛盾，陆清源犒师以不及王之仁与马士英而为被害之由，皆他书所无，颇足备鲁史之微。至所记鲁王监国台州月日，与任光复《航澥遗闻》，亦有不同，盖各家记载多凭传闻，殊不能一致也。”是书所记大多为徐氏之见闻，徐氏亲历期间，见闻

自然真切，书中征引较广，许多材料为他书不备，可与任光复《航澥遗闻》、查继佐《鲁春秋》等记载晚明史文献对比，是研究南明鲁王政权始末的重要著作，史料价值不容忽视。

版本有清乐天居士辑《痛史》本，上海涵芬楼旧藏钞本卷末附《江表二臣传》,《中国内乱外祸历史丛书》本,《中国历史研究资料丛书》本。清宣统三年（1911）上海商务印书馆铅印本，国图、上海、天津、南京、浙江、辽宁等图书馆有藏。1917 年上海商务印书馆铅印本，国图、上海、南京、福建师大、青海等图书馆有藏。另有 1985 年浙江古籍出版社整理标点本，为《明末清初史料选刊》中《海东逸史》外三种之一。

5.《行朝录》十二卷，（清）黄宗羲撰

黄宗羲（1610—1695），字太冲，号梨洲、南雷，又号梨洲、蓝水渔人、鱼澄洞主、双瀑院长、古藏室史臣等，世称梨洲先生、亦称南雷先生，浙江余姚人，清初著名思想家、史学家，与顾炎武、王夫之并称“明末清初三大思想家”。明亡前曾入“复社”，参与对宦官的斗争，锥刺许显纯，痛击崔应元等阉党余孽，崇祯帝叹其为“忠臣孤子”。明亡后一度追随鲁王，积极参加抗清活动，复国无望后，退居乡里，讲学著述于甬、越间，力辞康熙博学鸿儒征召。黄氏治学倡导经世致用，反对空疏游谈，学术思想领先于当世，开浙东史学之先河，是具有民主启蒙思想的代表人物，著作宏富，有《明夷待访录》《明儒学案》《思旧录》《行朝录》等传世。

是编又称《行国录》，是记载南明隆武帝、永历帝、监国鲁王始末的文献，为南明专史，每卷以时间为序。行朝指皇帝临时驻在之处，因南明小朝廷均四处颠沛，居无定所，因此称之为“行朝”。是书通行本十二卷，以绍兴先正遗书本为例，卷一至卷十二分别为：隆武纪年、绍武之立、鲁王监国、永历纪年、章贡失事、舟山兴废、日本乞师、四明山寨、沙氏乱滇、赐姓始末、江右纪变。而国粹丛书本为六卷，卷前有自序，正文分别为：卷一，隆武纪年、赣州失事、绍武之立；卷二，鲁纪年、舟山兴废、日本乞师、四明山寨；卷三，永历纪年；卷四，沙定州之乱、赐姓始末；卷五，江右纪变、张玄箸先生事略；卷六，郑成功传。篇目、篇名均有所不同，因是编在清代被列为禁书，在传播过程中产生了诸多流变，不管何种版本恐均非黄宗羲著作原貌。但是书中鲁王监国、舟山兴废、日本乞师、

四明山寨、赐姓始末等部分均南明政权在东南海域的抗清活动，许多事件黄氏都是亲身参与者，是书所载史料可信度较高，对于研究南明鲁王、唐王、郑成功等势力的海上政治、军事活动具有不可忽视的史料价值。

清丁仁《八千卷楼书目》卷五史部：“《行朝录》十二卷，国朝黄宗羲撰，抄本、荆驼史本”。清徐乾学《传是楼书目》：“《行朝录》三卷，一本”。清姚觐元《清代禁毁书目四种》：“《行朝录》，黄宗羲编”。民国赵尔巽《清史稿》志一百二十八《艺文二》：“《行朝录》十二卷”。

版本流传较多，有道光荆驼逸史本、国粹丛书本、光绪十九年（1893）绍兴先正遗书本、浙江图书馆藏傅以礼抄本、海盐朱氏旧藏抄本、黎洲遗书汇刊本等，流传过程中或有后人改易之处，其中国粹丛书本为六卷，当前通行本为十二卷。其中绍兴先正遗书本，每半页十行，行二十三格，每行镌二十二字，字宋体，小字双行，遇尊敬之辞抬一格镌刻，左右双边，有界行，白口、上单黑鱼尾，版心镌目次、页码及“越中徐氏刻本”字样。荆驼逸史本，每半页九行，行十九字，字宋体，四周单栏，有界行，上单黑鱼尾，版心上镌“荆驼逸史”字样，中镌目次、下镌页码。

是书的整理出版较多，早在宣统二年（1910）时中书局即出版《行朝录》十卷，一函三册。1994 年上海书店出版社版《丛书集成续编》第二十四册史部影印收录越中徐氏刊本。1996 年浙江古籍出版社出版沈善洪主编的《黄宗羲全集》，其中第二册有是书点校本。1996 年上海古籍出版社出版《行朝录》点校本。2002 年上海古籍出版社出版《续修四库全书》中史部杂史类影印收录傅以礼抄本全文。2000 年巴蜀书社出版陈力主编《中国野史集萃》，其中第二册有该书点校本。

6.《舟山兴废》一卷，（清）黄宗羲撰

作者参见《行朝录》条。

舟山群岛位于浙江东北海域，南明鲁王政权曾短暂的以此为根据地组织抗清活动。是编专记鲁王监国四年（顺治五年，1648）十一月鲁王移跸舟山群岛，至监国鲁王六年（顺治七年，1650）舟山沦陷，鲁王航海离开舟山，入闽依附郑成功，这两年间鲁王及其臣属、将领以舟山为根据地组织抗清活动的始末。谢国桢《增订晚明史籍考》：“是书记舟山形势，黄斌卿夺荆本彻之兵，进据舟山，张明振（明末著名抗清将领）又与斌卿部将

王朝先合谋逐杀斌卿，迎鲁王入驻舟山。太冲著是编时，曾亲闻其事，故于当时情况，述之甚详，以迄郑成功恢复舟山，旋为清兵所夺，迁民过海，墟其地而止。然于鲁王驻军舟山，庚寅至辛卯八月间事，则略而不详，殊不可解。”

7.《海外恸哭记》一卷，（清）黄宗羲撰

作者参见《行朝录》条。

是编专记南明鲁王政权在浙东沿海组织抗清活动事，采用编年体，起于南明监国鲁元年（顺治三年，1646）夏六月，浙江兵溃，鲁王及部众退入海上，讫监国鲁六年（顺治九年，1652）秋九月舟山陷落止。当时黄氏作为鲁王臣属追随至舟山。卷首小序言：“当此之时，诸臣默默无所用力，俯首而听武人之恣睢排奡，单字只句，刻琢风骚，若物外幽人之所为者，其愁苦不更甚乎？㯖故学于旧史者也，因次一时流离愁苦之事，为海外恸哭记；以待上之收京反国，即创业起居注之因也。舟山以后，㯖所未详。行朝之臣，必有同志者”。文后有山阴吴隐石潜跋，指出黄氏托名之据。全书内容记事所及颇为详细，特别值得注意的是书中为张肯堂、冯京第、黄斌卿等众多人物作了小传，保存了重要史料。

该书至迟民国间才刻入遯盦丛编，后有民国二年（1913）西泠印社刊活字、国粹学报社古学汇刊石印本。西泠印社刊活字本，每半页十一行，行十九字，四周单边，有界行，白口，上单鱼尾，版心镌篇名、页码及“西泠印社刊活字本”字样。民国十六年（1927）《梨洲遗著汇刊》石印本，每半页十四行，行三十一字，字宋体，小字双行，有句读，四周单边，无界行，白口，版心镌篇名、页码及“梨洲遗著”字样。

1985 年沈洪善主编浙江古籍出版社《黄宗羲全集》点校收录是篇，以黎洲遗书汇刊本为底本，以西泠印社活字本和古学汇刊本通校。1987 年收入台湾大通书局《台湾文献史料丛刊（第六辑）》点校收录是篇，另有附录三：附录一为《行朝录》九篇，分别为思旧录、赣州失事纪、绍武争立纪、舟山兴废、日本乞师纪、四明山寨纪、沙定洲之乱；附录二包括张元箸先生事略、大学士机山钱公神道碑铭、光禄大夫太子太保吏部尚书谥忠襄徐公神道碑铭、文渊阁大学士吏兵二部尚书谥文靖朱公墓志铭、兵部左侍郎苍水张公墓志铭（丁巳）、硕肤孙公墓志铭、户部贵州清吏司主事兼经筵日

讲官次公董公墓志铭（乙巳）、邓起西墓志铭、移史馆熊公雨殷行状、移史馆吏部左侍郎章格庵先生行状、钱忠介公传等十一篇；附录三包括梨洲先生世谱、梨洲先生神道碑文、黄梨洲先生年谱及传等六篇。

8.《航澥遗闻》一卷，（清）任光复撰

任光复，字延贵，会稽（今浙江绍兴）人，生平不详，曾在南明鲁王政权任监军职方郎中、太常寺卿等职，亲身经历鲁王与诸臣在舟山、崇明、京口抗清情形，后来投降清军，回故乡教授终老，追忆见闻，撰《航澥遗闻》。其《小引》文曰“王室板荡，海水群飞，九死余生，文籍脱落，归里屏息，追忆见闻，笔之于书，以存厓略，知我罪我，姑听后人，庶几名山，或留惇史”。

是书又名《鲁王纪事》，原题任光复东顽撰，起止时间起自顺治三年（1646）六月鲁王监国于台州，止于任氏降清，对鲁王诸臣互相倾轧，张煌言、张名振忠心报国，郑成功事记载详尽。书又名《航海遗闻》，因避鲁王朱以海讳而用“澥”字。著者或作“汪光复”，当为“任光复”之误。清丁仁《八千卷楼书目》卷五史部著录“《航海遗闻》一卷，国朝汪光复撰，荆驼逸史本”。版本有清代陈湖逸士辑《骆荆逸史》本，半页九行，行十九字，小字双行，字宋体，单黑鱼尾，四周单框，版心镌丛书名、书名及页码。又有《鲁王纪事》传钞本，原题任光复东顽撰，即《航澥遗闻》，卷首有任氏自撰小引，为他本所无。又有《续明季遗闻》和上海商务印书馆辛亥年初版铅印本《明季续闻》，二书与《航澥遗闻》内容略同，谢国桢《增订晚明史籍考》认为“恐系一书”。《中国古籍总目》史部载有清道光间古槐房山木活字印本，上海、天津、南京、辽宁、甘肃等图书馆有藏，国图所藏有清李文田校注并跋，另有清宣统三年中国图书馆石印本，首都、上海、浙江、陕西、甘肃、广东等图书馆有藏，著录姓名均为“汪光复”。

是书 1968 年刊入沈云龙选辑《明清史料汇编三集》，1978 年台湾新兴书局据 1922 年文明历代善本影印收入《笔记小说大观》四编。

9.《浙海遗兵》一卷，（清）倪在田撰

倪在田（1842—1916），谱名德新，字子新，又字茗村，号刍轩，江都（今江苏扬州）邗江人，清代学者、诗文家，好经史，旁及百家，尤好顾亭

林《日知录》，年十七补县学生员，曾游历京师，遍交贤达。曾入谢维藩、张之洞、陈宝琛、宝泉、陈彝、徐致祥幕，亲历山西、江西、陕西、安徽、浙江等地，每到一处均记山川要塞、风土民生。后退居家乡，潜心著述，有《续明纪事本末》《扬州御寇录》《刍轩文集》《居稽录》《庸斋内外篇》《述学》《诗存》《淮盐小志》等著作传世。《(民国)江都县续志》卷二三有传。

是篇为倪氏《续明纪事本末》卷之六。《续明纪事本末》为纪事本末类史书专记南明史事，成书于同光年间。是篇专记明末清初鲁王朱以海及张煌言、张名振等在浙东沿海及海上抗清活动始末，起于弘光元年（顺治二年，1645）夏鲁王朱以海监国于绍兴，迄于康熙三年（1664）七月张煌言死节，前后十九年史事。对张煌言等人的抗清活动、鲁王政权的腐败、鲁王唐王内讧、乞师日本等事均有记述，是研究南明历史尤其是鲁王政权浙江抗清活动的重要史料。

版本有光绪二十九年（1903）育英学社排印本。1962 年台北大通书局《台湾文献史料丛刊》、2005 年九州出版社和厦门大学出版社出版的《台湾文献汇刊》排印收录。2013 年蝠池书院《中国古代海岛文献地图史料汇编》影印收录。

第五节　明末清初统一台湾文献

顺治十八年（1661），郑成功驱逐荷兰殖民者，收复台湾，并以台湾为根据地继续进行抗清活动，经历郑成功、郑经、郑克塽三代，直到康熙二十二年（1683），在海上军事失败后，郑氏接受招抚，实现了台湾与大陆的统一。彭孙贻《靖海志》、杜臻《澎湖台湾纪略》、洪若皋《海寇记》、沈云《台湾郑氏始末》等文献对这一事件有详细记述。

1.《靖海纪略》四卷，（明）曹履泰撰

曹履泰（？—1648），字大来，号方城，浙江海盐盐官人，天启五年（1625）进士，历任吏科给事、福建同安知县、太常少卿、兵都右侍郎等职。明亡随唐王起兵，兵败后归乡，病卒。著有《浪吟集》《靖海纪略》《谏垣疏草》等。清吴翌凤《清朝文征》卷十二《曹侍郎吏部父子合传》，《海盐县志》

有《曹履泰传》。

曹氏在福建同安任县令前后 5 年，鉴于郑芝龙等海寇出没沿海，危害极大，其悉心谋划，练乡勇，严保甲，多方努力，强化守御，身历险境，进剿海寇，郑芝龙就抚，在平息海患方面取得了成效。是编即曹氏在同安任知县期间靖海过程中所撰疏文、案牍、书札及告示的汇辑，记述海寇入犯福建沿海及平息始末。全书共四卷，五十一篇，丰富翔实，大多论及郑芝龙，且为曹氏亲身经历，史料的可靠性强，为研究明代海寇问题及明代海防提供了第一手的资料。可惜未注明每种文献的撰写时间，影响了文献利用的便捷性。

清丁仁《八千卷楼书目》卷四史部："《靖海纪略》四卷，明曹履泰撰，别下斋本"；刘锦藻《清续文献通考》卷二百七十二经籍考十六："《别下斋丛书》二十八种九十卷，蒋光煦编光煦见史部目录，类经籍，《靖海纪略》四卷，明曹□寿"。"寿"当为"泰"。民国李榕《(民国)杭州府志》卷八十七："《靖海纪略》四卷，海宁曹履泰撰"。"海宁"当为"海盐"。

版本有道光间海宁蒋光煦辑刻别下斋丛书，卷前有倪元璐、彭期生序，正文每半页十一行，行二十一字，左右双边，有界栏，无鱼尾，小黑口，版心镌书名、卷次、页码，下卷"别下斋校本"，卷末有蒋光煦跋，国家图书馆有藏。咸丰六年（1856）续刊本，民国十四年（1925）上海涵芬楼影印本。1935 年《国学文库》第十七编排印本。1936 年王云五编《丛书集成初编》排印本（据别下斋丛书本）。1959 年台湾银行出版《台湾文献丛刊》排印收录。1968 年沈云龙选辑文海出版社出版《明清史料汇编三集》排印收录。1993 年巴蜀书社出版《中国野史集成》影印收录。

2.《靖海志》四卷，（清）彭孙贻撰，（清）李延昰补编

彭孙贻（1615—1673），字仲谋，又字羿仁，号茗斋，浙江海盐人，明末清初学者，幼颖异，过目成诵，博闻才辨，工诗善画，声名颇著。受到陈子龙等名士赏识，崇祯十五年（1642）乡试，本拟定为第一，后因病错失。崇祯十六年明经贡生。入清后，杜门奉母，绝意仕途，布衣蔬食，专心著述，节义自许，世人咸服，其门人私谥"孝介先生"。有《茗斋集》《甲申忘臣表》《明朝纪事本末补编》《靖海志》《平寇志》《彭氏旧闻录》等著作传世。

是编采用编年体例，按年系月，以直隶（今河北）人谷应泰的《明史纪事本末》和闽人阮旻锡的《海上见闻录》为底本增订而成，时间起自明天启七年（1627）六月郑芝龙起兵、讫于清康熙二十二年（1683）郑克塽受封汉军公，记述了台湾郑氏四世近60年史实，包括郑芝龙雄踞海上、郑成功收复台湾、郑克塽降清等诸多事件记载详备。此书是明清交替之际历史研究和台湾郑氏研究的重要文献。

版本有清抄本，四册，半页十行，行二十字，无边栏界格，首页有钤“大膺手抄”印。1959年台湾银行经济研究室主编台北中华书局出版的《台湾文献丛刊》第三十五种收录全文。1985年周宪文、杨亮功、吴幅员主编，由台湾大通书局出版的《台湾文献史料丛刊》第六辑亦收录此书，并作了相关研究，卷末有附录三则，为《郑芝龙受抚》（谷应泰《明史纪事本末》卷七十六）、《记荷兰人据台湾事》（俞正燮《癸巳类稿》）和《日本乞师记》（黄宗羲的《行朝录》）。另附《〈靖海志〉与〈海上闻见录〉合校记》一则。2002 年上海古籍出版社《续修四库全书》史部纪事本末类据清抄本影印收录全文。2009年人民日报出版社和台湾大通书局联合影印出版了《台湾文献史料丛刊》。

3.《海寇记》一卷，（清）洪若皋撰

洪若皋，字叔叙，一字虞邻，浙江临海人，生卒不详，顺治十二年（1655）进士，授户部主事，官至福建按察司佥事，后隐居乡村，致力问学，著有《南沙文集》《乐府源流》《临海志》《梁昭明文选越裁》等。是篇先回顾古代海寇之来龙去脉，以明代日本倭寇为对象，重点论述清初顺治、康熙初年命施琅、姚启圣等收复台湾事概况。是篇仅一卷，叙述简明，层次清晰，对于海洋军事方面的研究有一定参考价值。清丁仁《八千卷楼书目》卷四史部：“《海寇记》一卷，国朝洪若皋撰，昭代丛书本”。清刘锦藻《清续文献通考》卷二百六十四经籍考八：“《海寇记》一卷，洪若皋撰”。版本有道光《昭代丛书》本，左右双边，半页九行，行二十字，字宋体，版心镌书名、丛书名、页码，及“世楷堂藏板”，附录《黄叔璥赤嵌笔谭》，卷末有《海寇记跋》，署“孙搢嘉肇初”。另有《台湾文献丛刊》本。

4.《海防总论》一卷，（清）姜宸英撰

作者参见《日本贡市入寇始末》条。

姜氏有感于康熙年间统一台湾一事，写成军事地理著作《海防总论》。是书全文不足四千字，系进呈海防策，论自明洪武年间至清康熙前期中国海防沿革，概述了明代抗倭的经过、部署以及抗倭策略的得失，康熙前期统一台湾的策略，以及统一后采取的有效政策，提出了“时势不同，代各异制”的海防思想，“强弱因乎时，盛衰本乎治”的见解，对明清时期海上军事地理和海战历史研究颇有参考价值。

清代丁仁《八千卷楼书目》卷八史部：“《海防总论》一卷，国朝姜宸英撰，学海类编本”。清官修《清文献通考》卷二百二十四经籍考：“《海防总论》一卷，姜宸英撰。宸英字西溟。慈溪人。康熙丁丑进士。官翰林院编修”。清官修《清通志》卷一百艺文略：“《海防总论》一卷，姜宸英撰”。清永瑢《四库全书总目》卷七十五史部三十一：“《江防总论》一卷、《海防总论》一卷（编修程晋芳家藏本），国朝姜宸英撰。宸英字西溟，慈溪人。康熙丁丑进士，官翰林院编修。己卯充顺天乡试副考官，为正考官修撰李蟠所累，逮问。蟠遣戍，宸英卒于狱。是二书载曹溶《学海类编》中。各冠《总论》于前，而条系其形势之略于后，题曰《附录》。案《江防论》末称：“依海道所经，自广东西路始，福建、浙江、江南、登莱、天津卫、辽阳，以次及之。”又括海南所经各省郡县，自为一卷，与论后所附录全不相应。又称‘其沿海山河，寇<舟宗>入犯分合，日本舆地，皆有图’。今亦无图。知曹溶删节其文，非宸英之原帙也。”

《四库全书》《清经世文编》和姜宸英《湛园集》卷四收录全文。版本有《学海类编》本，《小方壶斋舆地丛钞》本。

5.《闽粤巡视纪略》六卷，（清）杜臻撰

杜臻（1633—1703），字肇余，又字遇徐、慕徐，秀水（今浙江嘉兴）人，幼时家贫力学，有文才，顺治十五年（1658）进士及第，历任内阁学士、吏部侍郎、礼部尚书、工部尚书、刑部尚书等职，为康熙帝近臣，深受信任。病逝后，康熙帝追赐“眷怀旧德”匾额。清钱仪吉《碑传集》及民国赵尔巽《清史稿》有传。有《闽粤巡视纪略》《澎湖台湾纪略》《海防述略》《经纬堂集》等著作传世。

康熙二十二年（1683）收复台湾之后，开放海禁，杜臻奉命赴福建、广东、江浙等地沿海地区，察视展界情况。《闽粤巡视纪略》六卷系记载此

次巡视而作，分沿海总图、粤略三卷、闽略二卷，附记台湾、澎湖合为一卷。包括福建四府、一州、二十四县、四卫、五所、三巡检司、五十五关城镇砦，广东七府、三州、二十九县、六卫、十七所、十六巡检司、二十一台城堡砦，及江、浙地区展界复业情况，内容涉及沿海形势、营伍制度、兵数等，对山水古迹，前人题咏等亦有所考证。尤为值得注意的是，该书对于澳门的地理位置、军事设施、葡萄牙人侵占澳门的经过、清初对澳门的政策和贸易等情况也有记载，保存了大量的颇有价值的澳门研究史料。因所录材料均为杜氏亲闻亲见，较为可信，对于清朝前期海禁及海疆史研究方面多有助益。

清代永瑢《四库全书总目》卷五十八史部十四："《闽粤巡视纪略》六卷（浙江巡抚采进本），国朝杜臻撰。臻字肇余，秀水人。顺治戊戌进士。官至礼部尚书。康熙二十二年，台湾既平，诸逆殄灭，沿海人民，皆安堵复业。臻时为工部尚书，奉诏与内阁学士石柱往闽粤抚视，画定疆理。以十一月启程，二十三年五月竣事。因述其所经理大略，为此书。首《沿海总图》，次《粤略》三卷，次《闽略》二卷，次附纪台湾澎湖合为一卷。盖臻巡历由广达闽，故以为先后之序。台湾则未经亲历其地，第据咨访所得者录之，故附于编末也。书中排日记载，凡沿海形势及营伍制度，兵数多寡，缕列甚详，于诸洋列戍控置事宜，俱能得其要领。其山水古迹，及前人题咏，间为考证，亦可以资博览。盖据所目见言之，与摭拾舆记者固异也。"。清阮元《（道光）广东通志》卷一百九十艺文略二："《闽粤巡视纪略》六卷，国朝杜臻撰存"。

版本有《四库全书》本。

6.《澎湖台湾纪略》一卷，（清）杜臻撰

作者参见《闽粤巡视纪略》条。

《澎湖台湾纪略》约九千字，简要记述了台湾及澎湖列岛的地理位置、历史沿革、风俗、物产、建筑等多个方面，着重介绍了康熙二十二年（1683）收复台湾的过程，为研究康熙统一台湾这一重要事件提供了重要文献。清永瑢《四库全书总目》卷七十五史部三一地理类存目四有著录。1961 年台湾银行经济研究室编纂的《台湾文献丛刊》和 1984 年孔昭明主编台北大同书局出版的《台湾文献史料丛刊（第二辑）》点校收录全文。

7.《台湾郑氏始末》六卷，（清）沈云撰，（清）沈垚注

沈云，字舒白，号间亭，生卒不详，浙江德清人，清道光二十四年（1844）进士，曾任广西兴安知县。沈垚（1798—1840），字子惇，一字子敦，号敦三，浙江乌程（今湖州）人，精舆地之学，为人称赏，道光十四年（1834）优贡生，后屡试不第，却心忧天下。性沉默，寡交游，常闭门治学，与当世多有不入。《清儒学案·敦三学案》云沈垚尝言“乾隆以来，士务训诂，意欲矫明人空疏之病，然明人讲学，尚知爱民，今人博览，专为谋利。”《清史稿》卷四八六有传。

该书系沈云在闽人江日升《台湾纪事本末》的基础上，参考他书，删其繁芜，道光十六年（1836）成书。全书六卷，采编年体，以干支纪年纪日，记载起自明天启年间郑芝龙起兵，至于康熙二十二年郑成功曾孙郑克塽降清，凡60余年郑氏史实。文辞雅驯，失之简略。沈垚以《读史方舆纪要》《水道提纲》《清一统志》等书为据，纠正了《台湾郑氏始末》中大量海岛洲屿名目的谬误。清代刘锦藻《清续文献通考》卷二百六十四经籍考八：“《台湾郑氏始末记》六卷，沈云撰，沈垚注。云字间亭，浙江德清人，道光甲辰进士，广西兴安县知县。垚字子敦，浙江乌程人，道光甲午优贡。”

版本有《传经堂丛书》本、《嘉业堂丛书》本，《丛书集成续编》本，《续修四库全书》本。1986年文物出版社《吴兴丛书》（影印）、1995年台湾省文献委员会编纂的《台湾文献资料丛刊》、2000年《中国野史集成续编》均收录该书。2007年台湾书房出版有限公司出版了《台湾郑氏始末校释》。

第六节　鸦片战争文献

鸦片战争共两次，第一次发生在清道光二十年（1840）至道光二十二年（1842），第二次发生在清咸丰六年（1856）至咸丰十年（1860）。鸦片战争清朝均惨败，签订了《南京条约》等一系列丧权辱国的不平等条约，致使中国的领土、经济、社会等各个方面遭受巨大损失，对于我国的影响巨大。鸦片战争在一定程度上是海洋战争，制海权的失去是清朝失败的重要因素之一，以魏源为代表的有识之士撰写了《海国图志》等大量著作，或记录战争史实、或提出海防对策，为相关研究保存了重要史料。

1.《探夷说帖》一卷，（清）张喜撰

张喜，一名士淳，字小沧，书中自称“禧”，直隶天津（今天津市）人，张氏代有闻人，至张喜家道中落，聪敏好学，留心时务，仪容魁伟，初为掾吏，道光十七年（1837）为云贵总督伊里布仆役，道光十九年（1839）伊里布调任两江总督张氏随往，因其善辞令，深获伊里布信任。次年，鸦片战争期间，协助伊里布在浙江舟山定海与英国交涉，后伊里布被劾通敌问罪，革职遣戍军台，张氏亦受审，不久获释还乡闲居。1842 年伊里布重新被起用，张氏被召赴镇江、南京，参与英军谈判，负责联络事宜。《南京条约》签订后，议和结束，张氏不受官职回乡，根据亲身经历撰写了《探夷说帖》《抚夷日记》等著作。《探夷说帖》一卷，记张氏奉命从宁波镇海前往定海与英军交涉情形。1840 年鸦片战争爆发，舟山定海位于战争一线，当年六月定海陷落。张氏被派往定海，犒赏英军牛酒，谈判以英方俘虏交换定海事宜，并留意探听英军虚实。张氏先后六次类似于使者身份往来于英军与伊里布之间传递信息，既有双方交涉内容，也有张氏在英军中的所见所闻，记录颇为详细。因此，是书乃据张氏见闻所写，反映了英军第一次占领定海之后，敌我双方交涉谈判的过程，是研究鸦片战争和当时的中英关系的可信度较高的重要史料，但文中颇多对话颇似小说家言，也不排除部分可疑之处。近人张元济将其收录于《入寇志》，上海人民出版社《中国近代史资料丛刊·鸦片战争》亦有收录。

2.《抚夷日记》一卷，（清）张喜撰

作者参见《探夷说帖》条。

是编一卷，专记第一次鸦片战争南京议和情形。道光二十二年（1842）张氏被召随耆英、伊里布至南京，参与与英国代表璞鼎查等谈判事宜，主要负责联络传话。是书先叙述伊里布由革职遣戍军台至被重发往浙江效力的经过，主要记载议和进程及签订《南京条约》之经过，还收录了伊里布《金匮舟》等诗作及相关信函、手谕等。时间起自道光二十一年夏，止于道光二十二年十月二十九日。书中对英国人的蛮横无理及部分清朝投降派的拙劣表现均有详细描绘。是书为事件亲历者之记录，客观性较高，对于研究第一次鸦片战争有着重要的史料价值。是书有抄本行世，1936 年北京文殿阁书庄刊行，并附《五品冠服张公小沧小传》。后刊入《中国近代史资料

丛刊·鸦片战争》。1966 年台北文海出版社《近代中国史料丛刊》第三十九辑亦收录，附张氏小传。

3.《英夷入浙事务奏稿》一册，（清）佚名辑

是编辑录鸦片战争期间有关浙江沿海防务的奏稿，包括英方书信，乌尔恭泰、邓廷桢、伊里布、裕谦等大臣的浙江防务奏稿，浙江地方官的呈文禀报等文件 50 余件。如《布定邦供词》《英将伯麦致浙抚乌尔恭泰书》《鄞县来函》《桂道台遗书》《裕谦告示》等。特别是浙江地方官之呈报其他文献中未见。是编均为原始文献，系统全面，真实可信，客观反映了鸦片战争时战备、战时情况及双方的交涉活动，是研究鸦片战争浙江战事的重要史料。版本有清钞本，中国科学院图书馆藏。1957 年中国史学会主编上海人民出版社《中国近代史资料丛刊》之《鸦片战争（4）》和 1973 年杨家骆主编鼎文书局出版《鸦片战争文献汇编（4）》节选排印收录。

4.《浙江办理英国防务奏案钞档案》不分卷，（清）佚名撰

版本有清道光间钞本，未见。

5.《浙江奏办夷务事宜》一卷，（清）耆英、伊里布、牛鉴撰

爱新觉罗·耆英（1787—1858），字介春，满洲正蓝旗人，宗室，历任内阁学士、内务府大臣、钦差大臣兼两广总督、文渊阁大学士等职，因欺瞒之罪，被赐死。鸦片战争期间，1842 年以钦差大臣身份，会同伊里布、牛鉴等人负责在浙江宁波、舟山和英军议和事宜，作为中方代表先后签署了中英《南京条约》《五口通商章程》《虎门条约》等不平等条约。是编记耆英、伊里布、牛鉴等人在浙江期间的文献资料。版本有清钞本，中国社会科学院藏，未见。

6.《筹议海防文稿》一卷，（清）沈炳垣撰

沈炳垣（1784—1855），原名潮，字鱼门，号晓沧，浙江嘉兴桐乡炉头人，清嘉庆十五年（1810）举人，道光六年（1826）任娄县（今上海松江）知县，息民讼，兴水利，百姓拥戴。道光十年任上海知县，后历任崇明知县、太仓直隶州知州等职，参与管理防务、船政和外交事务，颇显才干，有清廉政声。鸦片战争期间，沈氏任崇明知县，曾率军渡海痛击英军，后

升任苏州督粮同知，协助两江总督牛鉴综理防务。鸦片战争后沈氏又任松江府海防同知，负责受理通商、华洋交涉事件。道光二十八年，因母亲病归乡，任教海门书院、上海敬业书院，奖进后学。咸丰三年（1853）沈氏筹集资金协助镇压小刀会起义。沈氏事见《海上墨林》。沈氏又工诗文、擅书法、精校雠、嗜藏书，有《斫砚山房诗草》八卷、《祥止室诗钞》十四卷等作品传世。《筹议海防文稿》一卷乃沈氏为筹谋海防，抗击英国侵略者而作。版本有手稿本，现藏于上海图书馆，惜未见。

7.《庚子辛丑海军纪闻》四册，（清）佚名撰

撰者未详。是编原稿本 4 册，其中第一至三册封面分别题为《庚海备纪》《海军纪要》《倭患直记》，扉页上书“庚子海军纪闻”。第四册封面题名《海军纪要》，扉页上书“辛丑海军纪闻”。第一册，内辑沿海省抚大臣裕谦、乌永恭额、伊里布、邓廷桢等人的奏折，英方致定海守将信，浙江平湖及上海来函，清把总与浙江杭嘉湖道探访的英军情报。第二册，收录若干件上谕、奏折和照会，以及署浙江宁绍道台桂营的遗书和英俘的供词。第三册，录有上谕，林则徐、恰良等人的奏议，中英双方的照会，分析英军侵华不利因素的《英夷说》。第四册，内辑琦善等人的奏折，各地谘报，查抄琦善财产的上谕和清单等。该书对研究鸦片战争具有一定的史料价值。版本有原稿本，藏于北京大学图书馆，另有天津古籍出版社《北京大学图书馆馆藏稿本丛书》影印本。

8.《防海辑要》十九卷，（清）俞昌会撰

俞昌会，字同甫，浙江绍兴人，生卒不详，历任桃源、善化、鄞县、清泉、湘潭知县，永州、桂阳州知州等职，颇有政声。俞氏精于江海防务与海战策略，鉴于鸦片战争失利，英国坚船利炮的威胁，希望为清朝海防安全建设提供必要的参考文献，于道光二十二年（1842）编纂了《防海辑要》一书。

《清代兵事典籍档册汇览·防海辑要提要》言“全书卷首图一卷，计有直隶盛京、山东、江南、浙江、福建、广东、澎湖、台湾、台湾后山、琼州、安南国、海国十三幅江海防御地图，于地理形势、地点名称、防御要塞、海湖港叉，无不细致描摹，力求精准。其第一卷至第十一卷，论证各

地方海域地理及沿海岸线防御的总体策略。第十二卷至第十八卷主要是对海防海战、舰船型制、海战兵器、水战战术等方面的详细论述，并配有大量插图，足见作者谙熟江海防务和海战策略。作者还就江海防务，统览全局，撮其要点，总括为十二条，罗列于书序之后，作为了解本书全貌的提纲”。[①] 是书保存了大量海防海战、海疆经营方面的史料，对鸦片战争时期清军军事技术与军事思想的研究颇有价值。

清代刘锦藻《清续文献通考》卷二百六十七经籍考十一："《防海辑要》十八卷，俞昌会撰。昌会字同甫，浙江人，署江西吉安府知府。”民国《清史稿·艺文志》志一百二十八艺文二著录，“《防海辑要》十八卷图一卷，俞昌会撰”。清宋翔凤《朴学斋文录》卷二录《防海辑要序》。版本有道光二十二年（1842）百甓山房刊本，复旦大学图书馆、北京大学图书馆、四川大学图书馆、苏州大学图书馆、人民大学图书馆、浙江图书馆藏藏。光绪十一年（1885）星沙明远书局刻本，南京大学、清华大学、浙江师范大学、郑州大学等高校图书馆藏。2005 年茅海建主编学苑出版社《清代兵事典籍档册汇览》第三十二至三十四册收录全文。

9.《英吉利广东入城始末》一卷，（清）赵之谦撰

赵之谦（1829—1884），字益甫、铁三、支自，号冷君，后改字撝叔，号梅庵、坎寮等，浙江绍兴人，天资聪颖，读书过目成诵，咸丰九年（1859）举人，后三试不售，曾任江西鄱阳、奉新、南城知县，工诗文，擅书画，精于金石篆刻，晚清著名画家，篆刻家。《英吉利广东入城始末》署名七弦河上钓叟。七弦河上钓叟，即赵之谦。

是书约八千字，为赵氏自校编刻《仰视千七百二十九鹤斋丛书》之一种。该书以赣人华廷杰依据亲身经历所写的《触藩始末》三卷为底本，辅以永嘉张志瑛记述，结合自己的见闻及多种相关著述编纂而成，依时间顺序记述。赵氏言编纂该书“诸说同者，可信也；此或诋之，彼有恕词也，亦可信也。其他猥鄙、诽讪、怨懥之语尽删之”。是书起自道光二十七年（1847）与英国议和，迄于咸丰九年（1859）叶名琛病死在孟喀喇大里恩寺地方花园楼上，记述较为客观公允，对广东军民奋勇抗击英法联军，海战

① 茅海建主编：《清代兵事典籍档册汇览》第 32 册，学苑出版社 2005 年，,第 365 页。

情形，总督叶名琛刚愎自用，指挥不当，坐误事机，兵败被俘致辱，及英法联军入城后的烧杀抢掠的暴行等史实均有较为详细的记载。书末附记相关资料五则。晚清薛福成《庸庵文编》续编卷下认为该书“七弦河上钓叟《吉利广东入城始末》一卷，所书较为明核，余病其选辞未尽雅驯，且月日尚有未审，事迹尚有未确者，乃集十数种书大加考订删次，并参核江上蹇叟所著《中西纪事》”。

版本有清光绪刻赵之谦辑《仰视千七百二十九鹤斋丛书》本，《丛书集成初编》排印本。1978 年《中国近代史资料丛刊·第二次鸦片战争》第一册收录全文。

10.《英夷说》一卷，（清）何大庚撰

何大庚，山阴（今浙江绍兴）人，诸生，具体生平不详，道光时期著名的抗英绅士，其有诗云“胡尘滚滚世道昏，英雄失路狐鼠横。壮怀激烈唯一啸，石破天惊起雷霆”。清梁廷枏《夷氛闻记》卷五关于其事迹有简要记载，称其“尝习申韩”，“工笔札”，鸦片战争前，林则徐在广州主持禁烟，何氏曾为广州知府余保纯随员，又入驻澳门道员易中孚幕，积极赞助并参与禁烟和抗英斗争。林则徐被革职后仍坚持斗争。道光二十二年（1842）《南京条约》签订三个月之后，何氏鉴于英军肆虐，清政府腐败无能，与爱国人士钱江撰写了《全粤义士义民公檄》，张贴于广州府学明伦堂，并集会提出举办团练等建议，主张动员民众继续抗英，引起了较大影响。但这种爱国举动并没有得到认可与鼓励，反而遭到清政府的反对、打压与诬陷，捏造罪名将钱江“戍之新疆”，何氏被捕，后革去生员资格，“递籍”，“自是粤绅无敢复言夷事”。

《英夷说》一卷收录于王锡祺《小方壶斋舆地丛钞再补编》第十一帙，仅二百余字，全文如下：“英吉利者，昔以其国在西北数万里外，距粤海极远，似非中国切肤之患，今则骎骎而南。凡南洋各濒海各国，远若明呀喇、曼哒喇萨、孟买等国，近若吉兰丹、丁加罗、柔佛、乌土国，以及海中三佛齐、葛留巴、婆罗诸岛，皆为其所胁服，而供其赋税。其势日南，其心日侈，岂有厌足之日哉！近粤洋海岛有名新埠者，距大屿山仅十日程，沃野三百里，闽粤人在彼种植，以尽地利者，不啻数万。阡陌出园，一岁再熟，即粤人所谓洋米是也。英夷以强力据之，叙跛兵二千驻防其地，与新

嘉坡相犄角，居然又一大镇矣”。[①] 鸦片战争时期不知英夷为何者甚众，何氏此文虽短，认识却比较准确，既有海国情形介绍，又透露出相当的担忧，结合其爱国事迹，可见何氏具有领先于当时的海洋意识，属于晚清时期开眼看世界较早的人士。

版本有光绪十七年（1891）上海著易堂小方壶斋舆地丛钞本，卷首题“何大庚著”，半页十八行，行四十字，行密字小，四周双栏，有界格，单黑鱼尾，白口，版心上镌丛书名，中镌篇名、页码，下镌“上海著易堂排印”字样。

11.《道光洋艘征抚记》二卷，（清）魏源撰

魏源（1794—1857），名远达，字默深，又字墨生、汉士，号良图，著名启蒙思想家、政治家、文学家，湖南邵阳人，道光二年（1822）举人，道光五年受江苏布政使贺长龄之聘，辑《皇朝经世文编》一百二十卷。后科场遇挫，鸦片战争爆发后，魏氏于道光二十一年入两江总督裕谦幕府，亲身参与抗英战争，翌年完成《圣武记》。道光二十四年进士，历任东台知县、兴化知县、高邮知州等职，晚年弃官归隐，潜心佛学。魏氏论学以“经世致用”为宗旨，是近代中国睁眼看世界的先驱人物之一，著有《海国图志》一百卷，明确提出“师夷长技以制夷”的主张，学习西方先进科学技术，变法图强，影响深远。

是编上、下篇，又作《夷艘入寇记》《夷舶入寇记》《英夷入寇记》《夷艘寇海记》，本为《圣武记》之一篇。因书中对道光帝及相关大臣昏聩无能的投降行为有所揭露，《圣武记》初版时并未收录，长时间以抄本在野流传，甚至著作者都产生了争论，如清人梁廷枏《夷氛闻记》卷二中即言《夷艘寇海记》无名氏撰。直到光绪四年（1878）方才正式收录上海《申报》馆排印的《圣武记》三次重订本卷十，此时魏源已辞世 21 年。是书较为详细的记述了鸦片战争的经过，因作者亲身参与抗英，所言较为可信，对战时参与者的各种表现均有描述，直言不讳，语言犀利，褒扬了林则徐虎门销烟、三元里抗英等爱国举动，对浙江定海王锡朋、郑国鸿、葛云飞三总兵的誓死抗击英国侵略的可歌可泣的事迹也有详细记述，并主张师夷长技，购置军舰、火炮等先进武器，整饬海防，强兵富国。书中参引了谕旨、奏

① 《英夷说》，清王锡祺上海著易堂排印本《小方壶斋舆地丛钞再补编》第十一帙。

折等资料，对具体战事的描述尤为完整生动。可以说，该书贯穿着强烈的爱国主义精神，是记述鸦片战争史事最早的重要著作，史料价值不容忽视。

是编成书后没有署名，以抄本流传。清葛士濬《清经世文续编》卷七十八《兵政十七》，收录全文，清史澄《(光绪)广州府志》卷八十一《前事略七》多有征引。现存有抄本有《夷舶入寇记》《夷艘征抚记》《英船寇海记》，北京图书馆藏；《夷艘入寇记》，北京大学图书馆藏；《英夷入寇记》《英人入寇记》，南京大学图书馆藏，《夷艘寇海记》，中国社科院近代史研究所藏。道光二十六年（1846）版《圣武记》目录卷十有“道光夷艘征抚记补刊”字样，正文未收。光绪四年（1875）上海申报馆排印本是该书首次正式出版，另有光绪七年粤垣榷署重刊本。1984 年中华书局出版了韩锡铎、孙文良的校点本。2005 年岳麓书社《魏源全集》问世，其中第三册《圣武记》卷十补入上海申报馆排印本，册末附李瑚点校的《夷艘寇海记》抄本。该抄本或为《道光洋艘征抚记》早期稿本，前有《福桥居士序》，序中言“邵阳魏氏所纂《夷艘寇海记》二卷”。

12.《海国图志》一百卷，（清）魏源撰

作者参见《道光洋艘征抚记》条。

《海国图志》是一部有关海国史地的综合性著作，产生于鸦片战争失败之初，在详细叙述世界各国地理历史、制度沿革、风土人情等内容的同时，带有浓厚的爱国主义精神，提出了“师夷长技以制夷”的政治主张，及思考成熟，系统完备的救国、强国之方略。是编问世以后，这种新鲜的世界知识在闭国已久的晚清无疑是具有强大冲击力的，在官员、知识阶层产生了重要影响，对晚清的思想界具有启蒙作用，推动了之后洋务运动的开展。清李嘉乐《仿潜斋诗钞》卷十一《使粤集》有《阅海国图志》一诗：“谁曾访胜仙三岛，不畏占爻鬼一车。亦是离骚忠爱意，夜深痛饮读奇书。”是书传入日本后，多次刊刻，流布广泛，影响了日本的明治维新。

是编一般认为是魏源受林则徐嘱托在《四洲志》译稿的基础上，参照史志及相关文献增订而成。魏源在《古微堂集》外集卷三《海国图志叙》中言：“《海国图志》六十卷何所据，一据前两广总督林尚书所译西夷之《四洲志》；再据历代史志及明以来岛志，及近日夷图、夷语，钩稽贯串，创榛辟莽，前驱先路。”清郭嵩焘《养知书屋集》文集卷七《书〈海国图

志〉后序》言："邵阳魏氏所辑《海国图志》初为六十卷，蓋当道光二十二年（1842）和议初定之时，至咸丰二年（1852）又取诸家论述，及海防以来章奏汇为一百卷。魏氏著论独篇首筹边四论，其诸国沿革、形胜，皆取证元明以来记载，及泰西人论述，而于广东搆兵情见之章奏者，亦皆不录示，不敢及时事之义。"从魏源接受嘱托到初版问世，仅用了一年时间，就将九万字的《四洲志》扩展为五十卷，后又不断增补，历时10年，终成百卷巨著。

是编内容丰富，对当时世界的认知极为详尽，以百卷本为例，卷一、二《筹海篇》是全书纲领，分议守上、议守下、议战、议款四部分，总结鸦片战争失败经验教训，提出对应策略，系统论述了"师夷长技以制夷"主张。卷三、卷四为各国地图。卷五至卷七十分述世界各国概况、地理位置、历史沿革、政治制度、物产矿藏、宗教信仰、风土人情等方面，包括东南洋海岸海岛之国、东南洋海岛之国、西南洋五印度各国、小西洋各国、大西洋各国、北洋各国、大西洋、外大西洋及外大西洋各国。卷七十一至卷七十三介绍中西历法、中西纪年对照通表等。卷七十四至卷八十三乃国地总论、筹海总论和夷情备采等有关档案材料及林则徐组织翻译的国外情报资料。卷八十四至卷九十五介绍西洋舰船、武器的图样、技艺及相关测量工具、方法等。卷九十六至卷一百为《地球天文合论》，介绍近代天文知识，包括地球形状、运行规律，哥白尼太阳中心说等。可以说，该书完全突破了"中国是天下的中心"的陈腐的固有观念，明确认识到以英国为代表的西方海洋国家的富足强大，必须系统地学习西方的政治制度、科学技术，才能富国强兵，抵御侵略。

清丁仁《八千卷楼书目》卷八史部著录"《海国图志》一百卷，国朝魏源撰，古微堂刊本，活字印五十卷本，石印本"。清刘锦藻《清续文献通考》卷二百六十七《经籍考十一》著录"《海国图志》一百卷，魏源撰林则徐重定，源见经部书类，则徐见上奏议类"。清曾国荃《(光绪)湖南通志》卷二百四十八艺文志四："《海国图志》一百卷，邵阳魏源撰。行述源自序《海国图志》何所据？一据前两广总督林尚书所译西夷之《四洲志》，再据历代史志及明以来岛志及近日夷图夷语，钩稽贯串，创榛辟莽，前驱先路。大都东南洋西南洋增于原书者十之八，大小西洋北洋外大西洋增于原书者十之六。又图以经之，表以纬之，博参群议以发挥之。何以异于昔人海图之书？曰：彼皆以中土人谭西洋，此则以西洋人谭西洋也。是书何以作？曰：为以夷攻夷而作，为师夷长技以制夷而作。”民国赵尔巽《清史稿》志一百二十八艺文二：“《海国图志》一百卷，魏源撰”。清李元度《国朝先正事略》卷四十四《邓湘皋先生事略》后附魏源小传，言魏源著作有《海国图志》六十卷。民国赵尔巽《清史稿》志一百二十八《艺文二》地理外志之属有著录。清葛士浚《清经世文续编》卷七十八《兵政十七》收录《海国图志》之《筹海篇》上下两篇。

是编版本较多，源流较为清晰。五十卷本成书初刻于道光二十二年（1842），六十卷刊于道光二十七年，后不断增补，道光二十九年有古微堂刊本，至咸丰二年（1852）形成百卷本。光绪二年（1876）有魏光寿平庆泾固道署刻本。新时期以来，相关整理研究也颇为引人注目。值得一提的是位于魏源家乡的岳麓书社，自 20 世纪 90 年代末该社对是书的整理不遗余力，1998 年即有整理本问世，2005 年《魏源全集》刊行，该书收入第四册至第七册，2011 年岳麓书社再出四卷本《海国图志》。另外，1999 年中州古籍出版社出版了李巨澜评注的《海国图志》，2000 年时代文艺出版社也推出了整理本。

13.《鸦片战争战史》一卷，〔英〕爱特华斯著，（清）程履祥、史悠明译

艾特华斯，英国人，生平待考。史悠明（1881—？），字蔼士，浙江宁波鄞县（今宁波鄞州区）人，民国初期外交家、作家。史氏接受到西方式教育，幼时入教会传教士协会日校，后曾就读于上海中西书院，光绪二十七年（1901）毕业于上海圣约翰书院，历任中国工艺所校长、上海工部局翻译等职，宣统三年（1911）底赴西藏邮电局工作。民国成立后长期在外交部门工作，历任驻纽约总领事、外文部参事、驻巴拿马总领事等职。程履祥，浙江钱塘县（今属杭州）人，生平待考。是书未见。

14.《中秘日录》二卷，（清）无名氏编

是编不著编纂者，是第一次鸦片战争期间部分廷寄、明谕及奏疏等史料的汇编，内容关于第一次鸦片战争，严格按照时间顺序记录，时间起自道光二十年（1840）九月林则徐被革职前后，止于道光二十一年八月定海

保卫战中葛云飞、王锡朋、郑国鸿三位总兵壮烈殉国。是编资料全部录自第一手资料，客观可信，真实地反映了战争期间道光帝、琦善、伊里布等战争指挥者、决策者的所作所为。是书不知编者何人，流传既久，初版待考。1947 年无名氏著《近代外祸史》收录是书，1973 年台湾学生书局版《中国史学丛书续编》收录全文，均为排印本。2000 年北京中华书局王绍曾主编、程远芬编《清史稿艺文志拾遗》史部召令奏议类，“中秘日录二卷，无名氏编，稿本，鸦片。”值得注意的是，清人袁励準撰有《中秘日录》四卷，是为书画方面著作，与此书同名。

15.《中西纪事》二十四卷，（清）夏燮撰

夏燮（1800—1875），字谦甫（又作嗛父），又字季里，别号谢山居士，又称江上蹇叟,安徽当涂人，历史学家。夏氏生于书香门第，自幼受到良好的教育，其父夏銮为著名学者，三位兄长也都是颇有名气的学问家，兄弟四人有“当涂四夏”之称。夏氏通儒家经典、音韵之学，长于史学，尤为关注时务，道光元年（1821）举人，授青阳县学训导，后历任直隶临城县训导，安仁、吉安、永甯、宜黄等县知县，期间曾入曾国藩、沈葆桢幕，参与时务活动。其在安仁、永宁等地任职时，息民讼、除陋习、正士风、兴教育，颇有政声，但在宜黄任职期间却亏空数万，直接导致了他晚年的贫病境遇。作为晚清著名的历史学家夏氏勤于研究，著述颇丰，有《中西纪事》二十四卷、《粤氛纪事》二十卷,《泰西褅闻》十卷,《五服释例》二十卷、《明通鉴》一百卷等多种。

《中西纪事》一书是作者有感于鸦片战争之败，割地赔款，英法美俄等列强环伺中国，苦思强国良策的成果。夏氏曾上书两江总督陆建瀛《私议六事》，献强海军、御外辱之策，惜未被采纳，于是其将设想撰写成书。其《原序》言：“微臣需次京邸，欢听纶音，窃谓逆命有苗民，何累深仁于尧舜；而责备在贤者，难逃直笔于董狐。爰取昔日所藏，诠次成帙，附陈臆见，以当胪言，借备异日史家之采择。”是书最早约成于道光三十年（1850），十六卷，后经多次增补，于咸丰十年（1860）成二十四卷，前后历时 10 余年，直到同治四年（1865）方才正式刊行，署名“江上蹇叟”。夏氏出于文字狱之忧，未用本名。夏氏惧祸，书稿撰写多年，待到时机成熟时才刊布于世，曾遭毁版，后又重刊。

是书为纪事本末体，将有关史实分20多个专题以时间为序进行叙述，卷次为：卷一通番之始、卷二猾夏之渐、卷三互市档案、卷四漏卮本末、卷五英人窥边请抚、卷六粤东要抚、卷七闽浙再犯、卷八江上议款、卷九白门原约、卷十台湾之狱、卷十一五口衅端、卷十二四国合从、卷十三粤民义师、卷十四大沽前后之役、卷十五庚申换约之役、卷十六天津新议续议、卷十七长江设关、卷十八洋药上税、卷十九小国换约、卷二十外夷助剿、卷二十一江楚黜教、卷二十二剿抚异同、卷二十三管蠡一得、卷二十四上海疆殉难记上、卷二十四下海疆殉难记下。是书取材多为当时的谕旨、奏疏、信函、照会、条约、章程、时论、新闻报道等原始材料，还参引了《海国图志》等文献，时限起自鸦片战争前，正于咸丰末，对两次鸦片战争记述最为详细，涉及英美俄法等国的侵略史实，清政府的腐败无能，以及广大民众的英勇斗争等方面。该书是晚清时期出现较早的记述鸦片战争的著作，体例完备，选料客观，旨在记国变，醒国人，谋方略，应危局，御外辱，强国家，其中不乏独到的见解和长远的眼光，是研究鸦片战争及其后20年间中外海国关系的重要文献。

清丁仁《八千卷楼书目》卷四史部："《中西纪事》二十四卷，国朝夏燮撰，活字板本。"清何绍基《(光绪)重修安徽通志》卷二百二十七："《中西纪事》二十卷"。清刘锦藻《清续文献通考》卷二百六十二《经籍考六》，"《中西纪事》二十四卷，江上蹇叟撰。夏燮见经部小学类韵书。臣谨案：此书为当涂夏燮所著。燮字嗛父，盖见夫西力东渐如九天之云，扶摇而起，我犹牢守锁港之义，不思所以救焚而堵溃，因举互市传教之颠末覼缕言之冀，当事者之或有一省，篇中于猾夏之渐尤三致意。所论皆时人时事，恐贾文字之祸，因托名为'江上蹇叟'，是亦有心人也"。民国赵尔巽《清史稿》志一百二十八《艺文二》："《中西纪事》二十四卷。"

版本有清同治四年(1865)刻本，复旦大学图书馆藏；光绪七年(1881)活字本；光绪十年、光绪二十四年翻印本，另有石印小字本。同治刻本，扉页署"岁在着雍执徐易月"，卷前有道光三十年(1850)庚戌十二月原序及咸丰九年乙未九月次序，正文每半页十行，行二十二字，小字双行，字宋体，四周双边，无界行，白口、上单黑鱼尾，版心上镌书名，中镌卷次，下镌页码。光绪活字本，有"丁亥季孟春活字版排印"牌记，卷前有原序、次序，正文每半页十一行，行二十六字，小字双行，字宋体，四周单边，无界行，白口、双黑鱼尾，版心上镌书名，中镌卷次，下镌页码，卷末有云中人后序附偷头记。1987 年沈云龙主编台湾文海出版社《近代中国史料丛刊》第十一辑影印收录同治是编刻本。2002 年上海古籍出版社《续修四库全书》史部纪事本末类影印收录全文，影印清同治刻本。整理本有 1988 年岳麓书社高鸿志点校本和 1996 年上海古籍出版社本。

第七节　中法战争镇海保卫战文献

清光绪九年（1883）十二月，法国为扩大在华利益发动了侵华战争，舰队偷袭福建水师，致使福建水师全军覆没，浙东沿海成为法军进攻的对象。在欧阳利见、薛福成等人的积极备战，有效指挥下，取得了镇海保卫战的胜利。这也是中国近代史上唯一一次近海保卫战胜利。欧阳利见、薛福成将期间的函件、奏稿、电文等资料，与该战事海图等文献，分别编纂成书，为相关研究保留了大量史料。

1.《金鸡谈荟》十四卷首一卷，（清）欧阳利见撰

欧阳利见（1825—1895），字庚堂，号健飞，湖南祁阳人，清朝将领。咸丰初入湘军水师，后多次参加与太平军作战，颇有战功，历任参将、副将、总兵等职。光绪七年（1881），擢浙江提督。光绪十年，中法战争爆发，欧阳氏驻宁波镇海金鸡山，积极设防备战海防。光绪十一年，法军犯镇海，欧阳氏与薛福成等人组织军民，多次击败法军，法海军统帅孤拔被击伤，后死亡，取得了著名的“镇海保卫战”的胜利。光绪十五年（1889），因病去职。光绪二十一年（1895），中日甲午战争爆发，欧阳氏被急调前线，途中病死。有《金鸡谈荟》传世。

是编《例言》云：“镇海为浙东咽喉，古称天险。金鸡山峙南岸瞭敌了然。上年海警扎营于此最有把握，羽书电报逐日排递。今择其要者，都为一编，颜之曰‘金鸡谈荟’，纪实也。”是编十四卷首卷一卷，汇编欧阳氏坐镇指挥中法战争时来往的谕旨、电文、咨文、函件等资料，包括刘中丞、何制军、德方伯、杜丞、定海统领成太守、宗守、杨西园、成梓臣、贝敏修镇军、马星五观察、蔡观察、刘锦堂都督、宗湘文、厘局陈漱珊、孙毅侯、陈寿山、钱统领、张汉仙、左侯相、石浦刘副将，陈静甫、郭观察、

薛道、李汉春、薛叔耘、瑞运台、吴统领、钱荣山等人，以及沪局、电局录总办、防军支应局、南洋、两江等机构。欧阳氏《自序》中言："利见奉天子命又淮阳擢浙江，陛辞之日，训以留心整顿戎务，谨志之不敢忘。暨抵任，爰先期相度全浙形势，夙夜匪懈，惟陨越是虞。明年法兰西果犯闽。又明年，来犯浙。我军营于金鸡山独挡前敌，于是叠奉圣旨，由枢垣电寄，俾得遵循，自两院暨南北洋大臣，以及监司守令，下逮戚好部曲之属，书问填委，逐事栽答，几于目不暇给，性又健忘，因命写官录之。洎款议成，而裒然成帙矣！"可见，是编乃原始材料汇编，真实可信，是研究中法战争的重要史料。

版本有光绪十五年四明节署铅印本，宁波市图书馆藏。前有"光绪己丑孟冬印于四明节署"牌记、欧阳利见自序。正文每半页九行，行二十三字，四周双边，有界栏，上单鱼尾，白口，版心上镌书名、中镌卷名，下镌页码。卷末有郭传璞跋、何藹廷跋、邹承浩跋。1973 年沈云龙主编台北文海出版社《近代中国史料丛刊》影印收录全文。

2.《浙东筹防录》四卷，（清）薛福成撰

薛福成（1838—1894），字叔耘，号庸盦，江苏无锡人，生于官宦之家，自幼好学，精通经史，颇有文才，志在匡时济世。同治四年（1865）夏，时任两江总督曾国藩奉旨北上镇压捻军，沿途张榜延揽人才，正苦于报国无门的薛氏得知消息，撰写了《上曾侯相书》万余言，提出养人才、筹海防、挽时变等八策，显示了一个青年学子不凡的经世才干和对国家社会未来的思考，深获曾国藩嘉赏，遂入曾氏幕府，赞画机务。后与黎庶昌、张裕钊、吴汝纶并称为"曾门四学士"。两年后乡试得副贡生，但无资格进京参加会试，遂决意科考。他深感科举之弊，作《选举论》三篇，批评八股取士制度，提出改革建议。光绪元年（1875）清廷下诏求言，薛氏撰《应诏陈言疏》，包括《治平六策》和《海防密议十条》两篇，针砭时弊，提出变法自强、抵御外辱的策略，朝野无不上下震动，引起了强烈反响。《庸庵文编》卷一载"当此疏初上时，京师颇多传诵者。议论一播，鼓动中外，建言者往往回应而起"。此次上书的诸多建议渐次被清廷采纳，直接促进了当时内政外交政策的调整。同年，受聘入李鸿章幕府，参与洋务运动，成为得力幕僚。薛氏也由文案成长为李鸿章的智囊之一。丁凤麟在《薛福

成评传》对此评论道“从 1875 年秋入参北洋戎幕后，薛福成以自己杰出的才能，很快得到李鸿章的器重，引为心腹，并以主要文案的身份，成为北洋智囊团的核心人物”。薛氏在中国近代海防建设中的一大出色表现是在光绪五年上书总理衙门力争，成功阻止总税务司英国人赫德兼任总海防司。后又就朝鲜内乱献策，对于稳定朝鲜局势，打破日本侵朝计划，确保清朝在朝鲜的有效影响起了重要作用。光绪九年法国侵略越南，薛氏撰《援越南议》，主张援越抗法。

光绪十年法国欲扩大在华利益，将战火由越南引到了中国东南沿海，浙东宁波等地成为战略要地。薛福成得授浙江宁绍台道，由幕僚成为正式官员。宁绍台道辖宁波、绍兴、台州三府，治所在宁波。宁波是浙东要冲，我国最早开发的国际通商口岸，也是国内的最重要商埠之一。虽然道台只是正四品的中级地方官员，品级不高，但是宁波所处位置特别，既要监察各级官吏、监督海关，还要筹备海防，保卫地方安全，加之当时又处于中法战争期间，宁绍台道成为无可争议的冲繁之缺。当时法国舰队已重创福建水师，袭击了台湾的基隆和淡水，气势正盛。《清史列传 · 薛福成传》载“福成及受命，海氛益甚，宁波为浙海要枢，防军大集。巡抚刘秉璋檄福成综理营务，尽护诸军”。《黎庶昌序》薛氏“筑台增炮，钉桩沉船塞口以及迁教士、杜引水（领港员）、明赏罚固民心，皆不惮烦劳，百计营度，与诸将协规同力，一泯异同，故备御严而折衷”，作了周密的部署。《清史稿 ·薛福成传》：光绪十一年正月，南洋援台三舰“为法人追袭，驶入镇海口，复令其合力守御。谋甫定而寇氛逼矣，再至，再却之，卒不得逞而去”。此次战役，法舰在浙东洋面前后四个多月，最终进攻计划以失败而告终。镇海战役是近代中国难得的一次海洋军事胜利，在整个中法战争中占有重要地位。光绪十五年，薛氏因才干出众，出任英、法、比、意四国公使，展现了出色的外交才能，有“美使才”之称。在其《出使英法意比四国日记》中记录了这段不平凡的外交官经历。光绪二十年五月卸任回到上海，六月即病逝。有《庸盦全集十种》传世。

《浙东筹防录》四卷为薛氏镇海保卫战文牍书檄电报之汇编，以资海防建设参考之用。其门生杨楷跋：“时吾师庸盦薛公备兵浙东，以大府檄总理营务，规画防御，算无遗策。既事平，公乃裒辑当时往来文牍，厘为四卷，名曰《浙东筹防录》，自序刊之……至于忧世之深，思虑其所得，与当世相印证，逆料异时防海得失之林，将日出而不穷，故欲以是为之嚆矢。”其自序云：“时时取以自镜，并付剞劂，以资当世达时务者。夫武备日新，事变无穷，此詹詹者，本不足道，然存其梗概，用为防海之嚆矢，以鸣安不忘危之意。”薛氏营建海防之良苦用心，溢于纸上。是集光绪十二年仲冬在宁波首次开雕，次年七月问世。光绪十三年七月开雕的无锡薛氏传经楼刊本，该版当为第一版基础上的重新校刻本，书名页篆书“浙江筹防录”而非“浙东筹防录”，内页有“光绪丙戌仲冬开彫”牌记，卷首有黎庶昌光绪十四年三月序、薛氏光绪十三年七月自序。正文部分，左右双栏，半页十行，行二十一字，小字双行，字宋体，白口，双线黑单鱼尾，版心有书名、卷次、页码。卷末有杨楷光绪十三年冬十月的跋文与邓濂光绪十三年冬十二月的跋文两篇。另有光绪间无锡薛氏传经楼家刻《庸盦全集》本和光绪二十四年上海涵芬楼刊本。值得一提的是，涵芬楼本《庸盦全集》第六种为《浙东筹防录》，从版本、内容来看似与光绪十二年刊本无区别。该书的影印本亦有多种。台北成文出版社《中国方略丛书》影印本、1966年沈云龙主编台湾文海出版社《近代中国史料丛刊》影印本、2011 年知识产权出版社《中国海疆文献初编》影印本、2013 年蝠池书院《中国古代海岛文献地图史料汇编》影印本。以上四种均据清光绪十二年宁波刻本影印。1971 年台湾华文书局据涵芬楼刊本影印《庸庵全集》本。1988 年光明日报出版社出版的《中法战争镇海之役史料》与 2000 年中国史学会主编的《中法战争》选录了《浙东筹防录》部分篇章，并做了标点整理。《清史稿·艺文志二·纪事本末类》著录“《浙东筹防录》四卷，薛福成撰”。是集内容为薛福成筹防浙东期间，组织军民在海上抗击法国舰队的公文函稿汇编。时间区间为光绪十年六月至光绪十一年六月。卷一为禀牍、详文（21 篇），卷二为书牍（19 篇），卷三为咨（2 篇）、移（2 篇）、札（3 篇）、照会（8 篇）、告示（7 篇），卷四为电报（80 篇）。九类文献以时间顺序编定，所有文字格式均保持不变。薛氏编纂此书，斟酌体例，精心厘定，考虑周详，煞费苦心，保持了文献完整系统，实现了不同种类资料之间的互见。清丁仁《八千卷楼书目》卷五史部：“《浙东筹防录》四卷，国朝薛福成撰，刊本”。清刘锦藻《清续文献通考》卷二百六十四经籍考八：“《浙东筹防录》四卷，薛福成撰。福成字叔耘，江苏无锡人，同治丁卯副贡，官至都察院左副都御史”。民国赵尔巽《清史稿》志一百二十八艺文二：“《浙东筹防录》四卷”。

《浙东筹防录》为战时文牍的汇编，是研究浙东抗法海战可信度较高的宝贵历史资料，文献价值自不可忽视。该书可谓中法战争浙东海战之实录，较为完整地记录了镇海保卫战始末，为研究中法战争中浙东海防的详细情况提供了丰富的资料。该书亦是薛福成海防思想、海防策略应用实战的鲜明体现。薛福成临危受命，亲自谋划指挥作战，将多年来的理论探索成功应用于海防海战具体实践的结晶，为全面研究薛福成洋务思想发展、演进提供了不可或缺的重要文献。是集在我国古代海防文献中占有特殊地位，可与时任浙江提督欧阳利见所撰《金鸡谈荟》相呼应。总之，《浙东筹防录》为晚清洋务运动的代表人物薛福成在其筹防浙东期间公牍文稿的汇编，内容全面系统，真实可靠，原始性特征鲜明，在我国海防古文献中具有样本性意义，对研究薛福成思想、中法战争乃至中国海防史有着重要的史料价值。

3.《浙江镇海口海防布置战守情形图》正图一幅分图八幅附说，（清）佚名绘

是图绘制者不详，有正图一幅，分图八幅，内容记1895年中法战争期间镇海保卫战事。清光绪间彩绘本，正图1轴（1匣），分图1册。

4.《文庄公甲申浙东海防图》十三幅，（清）佚名绘

是图共十三幅，每幅长一百零六厘米，宽七十七厘米，清光绪间彩绘绢本。是图乃为纪念中法战争镇海之役取得胜利所制，第一幅有纪念题跋，第二幅至第十三幅分别为设立电杆、分段筑堤、机器打桩、水陆勇丁挑石沉船、水陆藏雷、迁置教士、杜绝引水及撤灯去标、上元接仗获胜情形、再毁法船、放哨击敌、堕炮自伤、夜袭法船。全图内容涉及海战各个方面，直观系统，具有重要的史料价值。

5.《浙东镇海得胜图（浙防纪实图）》十一幅序两篇，（清）佚名绘

清光绪彩色刻印本，内容为清末中法战争期间镇海防务情形。

6.《浙中英法战争纪略》二篇，（清）李应珏撰

李应珏，字玉山，广东高州府化州（今茂名化州）人，晚清附贡出身，后分发浙江即补知县，其生平光绪《化州志》有简略记载，编著有《浙中发匪纪略》《皖中发匪纪略》《浙志便览》《皖志便览》《浙中英法战争纪略》等书。

《浙中英法战争纪略》二篇，分《浙中英事纪略》和《浙中法事纪略》两部分。《英事纪略》记中英第一次鸦片战争始末，《法事纪略》记 1884 年中法战争在浙江的情况。是书主要根据《英夷入寇记》《防海纪略》《浙东筹防录》等史料编纂而成，李氏在其《浙志便览》凡例中讲道："因《防海纪略》《平浙纪略》《浙东筹防录》等书，各数卷至十数卷，亦难综观，故摭浙中英寇、发匪、法警三次兵事本末，各次一篇。详地势、兵情，立功将帅、节烈忠臣不能偏列。间有褒讥，悉依原本；各附论说，则亦补牢之意也。"是书篇幅不长，略述始末，重点描述浙中战事，旨在补史，叙述清晰扼要，对于研究鸦片战争和中法战争颇有参考价值。

北京大学图书馆藏有钞本，国家图书馆亦藏有钞本，名为"浙中英法战争纪略"。1957 年中华书局阿英辑《中法战争文学集》四卷收录了《浙中法事纪略》标点整理本。1991 年天津古籍出版社《北京大学图书馆馆藏稿本丛书》钞本影印收录，题名为"浙江英法战争纪略"。

7.《象山宜筑军港议》，（清）丁谦撰

丁谦（1843—1919），字益甫，晚清地理学家，原籍浙江仁和（今杭州），至其祖迁至嵊县，清同治四年（1865）举人，光绪七年（1881）大挑二等，授汤溪县教谕，旋任象山县教谕，至光绪三十年，在任二十二年。丁氏博学多闻，工诗文，嗜金石，精医学，长于舆地考证，辑有《蓬莱轩地理学丛书》（又名《浙江图书馆地学丛书》）六十九卷，由浙江图书馆刊行。未刊者有《元马哥博罗游记补注》一卷、《宋徐霆黑鞑事略补注》一卷。《宋谢灵运山居赋补注》《元本赤传补注》等书，另有《寄鸥居诗》。丁氏在中法战争时期，积极倡办团练，加强海防有功，受赏置五品衔，升任处州府教授，因年老未就任。《象山宜筑军港议》即作于中法战争期间，论述应重视在象山加强海防建设。版本有《中外游记汇编》本。《中外游记汇编》为稿本，并未正式刊行，编者为清光绪间王锡祺，藏于江苏省无锡市图书馆。

第八节 其他海洋军事文献

1.《武备志》二百四十卷，（明）茅元仪撰

作者参见《郑和航海图》条。

是编240卷，由兵诀评、战略考、阵练制、军资乘、占度载五部分组成，共200余万字，图738幅，内容丰富翔实，设类详备，编纂科学。兵诀评（18卷），包括孙子、吴子、司马法、三略、六韬、尉缭子、李卫公问对、太白阴经、虎钤经等著作部分内容及相关评析。战略考（33卷），选取从春秋时期至元代的600个典型战例，偏重奇略。阵练制（41卷），包括阵、练两部分，阵记载西周至明代各种阵法，并配有 319幅阵图；练记载选士练卒之法，从唐、宋、明有关兵书律令中摘录选士、编伍、悬令赏罚、教旗、教艺等方面内容。军资乘（55卷），包括营、战、攻、守、水、火、饷、马八类，下设65项目。占度载（93卷），分占和度两部分，占即占天，主要记载天文气象，有占天、占日、占月、占星、占云、占风雨、占风、占蒙雾、占红霓、占霞、占雨雹、占雷电、占霜露、占冰雪、占五行等；度即度地，记载兵要地志，分方舆、镇戍、海防、江防、四夷、航海六类。

是编中诸多部分与海洋相关。《军资乘》涉及河海运输、车马战船等事项。。占度载子目中的海防、四夷、航海等类，图文并茂，详细记述明代海陆敌情、海防部署、将领兵额等内容，其中“海防”部分收录了“舆地总图”“日本入犯图”“沿海山沙图”“广东沿海总图”“广东沿海各府图”以及“江防图”“湖防图”等图。卷191“占度载·度三·方舆三”有《浙江叙图说》，包括《浙江形势图》《浙江郡邑图》《浙江方舆图》，采用象形画法，简要描绘浙江行政区划、沿海地理等。卷211-215“占度载·度·海防”有《浙江沿海山沙图》《浙江沿海总图》及温州、台州、宁波、绍兴、杭州、嘉兴等各府分图，描绘沿海卫所、烽堠、寨堡等军事布放及沿海地理形势。特别需要指出的是该书收录了《郑和航海图》(《自宝船厂开船从龙江关出水直抵外国诸蕃图》)。是编为中国古代一部重要的综合性军事著作，体量最大，影响深远，对明代海运、航海、海防、均提出了相应战略，保存了大量海洋文献资料，为研究明代海洋军事提高了详实依据。

明祁承爜《澹生堂藏书目》:"《武备志》二百四十，八套，茅元仪，已上俱兵政"。清丁仁《八千卷楼书目》卷十子部:"《武备志》二百四十卷，明茅元仪撰，日本刊本"。清黄虞稷《千顷堂书目》卷十三:"茅元仪《武备志》二百四十卷，崇祯元年三月进呈"。清李顒《二曲集》卷七体用全学:"《武备志》，凡八十册，古今战陈机关备萃此书视登坛必究加详，而孙子、吴子暨《纪効新书》《练兵事实》尤为兵学之要。经世之法莫难于用兵，俄顷之间胜败分焉，非可以漫尝试也。今学者无志于当世，固无论矣。即有志当世，往往于兵机多，不致意以为兵非儒者所事，然则武侯之伟略、阳明之武功，非耶。学者于此苟能深讨细究而有得焉，则异日当机应变作用必有可观"。清凌扬藻《蠡勺编》卷三十八:"《武备志》，防风茅元仪辑，《内奇门元览》二卷，《遁甲经纂》三卷，《大六壬直指》一卷，《大六壬军帐赋》一卷，《大六壬兵帐钩元》一卷，《大六壬兵占》一卷，《占选择》一卷，《占厌禳》一卷，《太乙庙算》二卷，《太乙阴阳遁》六卷，共一十九卷，合名之曰《武备志》。钞本无序例。余从南海招心齐司马插架见之"。清钱谦益《绛云楼书目》卷二:"茅元仪《武备志》"。清阮元《文选楼藏书记》卷二:"《武备志》二百四十卷，明茅元仪辑。归安人，刊本。是书以军兵诀详战略故阵线制军资采占度载分部为五，凡古今兵家言无不采辑"。清徐乾学《传是楼书目》:"《武备志》二百四十卷，明茅元仪，以下天启八十本"。清姚觐元《清代禁毁书目四种》:"《武备志》茅元仪辑"。

版本有明天启元年（1621）为茅元仪初刻本，卷前有宋献序、傅汝舟叙、李维桢叙、顾起元序、张师绎序、郎文唤序及茅元仪自序，正文部分每卷首署"防风茅元仪辑"，四周单栏，半页九行，行十九字，字宋体，白口，无鱼尾，版心有书名、卷次、卷名、页码。该版本乾隆年间被列为禁书，流传不广，北京图书馆、中国科学院图书馆、浙江省图书馆有其藏。清汪允文莲溪草堂本（据天启刻本）版心下镌"莲溪草堂藏板"。清道光中活字排印本。清末湖南刻本。日本宽文四年（1664）须原屋茂兵卫复刻本（据明刻本）。1989 年解放军出版社出版《中国兵书集成》、2001 年故宫博物院编海南出版社出版《故宫珍本丛刊》影印收录。2013 年书目文献出版社影印出版。

2.《靖海编》八卷，（明）钱人楷辑

钱人楷，字世为，明末余姚人，恩贡生，曾参与纂修《浙省三朝实录》，

生卒不详。[1]是编成书于崇祯八年（1635）前后，清乾隆间编修《四库全书》时被列入全毁书目。清姚觐元《清代禁毁书目四种·全毁书目》："《靖海编》四本，明钱人楷辑。"清沈初等撰《浙江采集遗书总录》："《靖海编》八卷刊本。右明贡生余姚钱人楷辑。记明崇祯间宁绍巡道向六神经略海上事迹。"[2] 未见。

3.《乾坤一统海防全图》一轴，（明）徐必达制

徐必达，字德夫，浙江秀水（今嘉兴）人，万历间进士，生卒不详。该图万历三十三年（1605）制，高 170 厘米，长 605 厘米，彩绘绢本，绘明了自广西钦州湾至东北鸭绿江口沿海地区的地理特征、行政建置、海防设施等方面的概况。

4.《舟师绳墨》一卷，（清）林君升撰

林君升（1685—1756），字圣跻，号敬亭，福建同安县人，生长于海边，成年后加入水军。其部将翁洲（岱山）陈奎跋云："其于云气氛祲、礁脉沙线，凡所谓仰观俯察之道，时时地地，研究不遗余力，固将以储国家有用之材也。厥后，以水师应募，渤澥折冲，同袍中无出其右者。"康熙末年林氏任浙江黄岩游击一职，雍正初授定海镇总兵，先后任金门镇水师总兵、广东提督、台湾总兵、福建水师提督，乾隆十七年（1752）任江南提督等，领江、浙、闽、粤四省军务。林氏在水军中展示出了出色的军事才能，留下许多传奇故事，有《自遣偶草》《舟师绳墨》《救荒备览》等著作传世。

林氏于雍正四年（1726）至乾隆六年任浙江定海镇总兵期间，"其于训练部伍，捍御疆圉而外，每倦倦尤以舟师为要务。盖定海，固东浙屏藩，水师重镇也。爰以公素所讲求阅历，灼见真知，屡试不爽者，敷陈直言，著为轨则，"成《舟师绳墨》。是书乃林氏为训练水师而作，不失为一部水军教科书，由教习牟言、捕盗事宜、舵工事宜、缭手事宜、斗手事宜、碇手事宜、众兵事宜等七部分组成，对水师中的捕盗、舵工、缭手、斗手、碇手和水兵职责作用、技能要求、协作关系等均有详细介绍。对于捕盗也有明确要求，如"公""明""勤"三点，"公则无所徇庇，自然能明；

① 见《苎萝西施志》中钱氏《西子记》注。
② （清）沈初等撰：《浙江采集遗书总录》，上海：上海古籍出版社，2010 年，第 772 页。

明则洞悉利害，自然能勤，三者既得。”在“碇手事宜”中指出抛碇三法：“一看地之浅深，一看流之缓急，一看风之顺逆。”书中还记录了许多预测海上风暴的方法，如“若有黑云横蔽非风即雨，兼以天神未动海神先动，或水有臭味，或水起黑沫，或无风偶发移浪，礁头浪响，皆是做风的豫兆”；“雾后须防风飓，夏秋更有雷雨，秋天夜间有雾决无飓，立冬北风虽大不为台，夏至以后北风一起即有风台。又要晓得六月雷响止九台，七月雷响九台来”。还有关于候潮技巧、掌舵、抛碇、放缭收缭等技术的详细记述。

是书旨在教习官兵，实用性强，特别考虑底层水兵的文化水平，因此语言较为通俗易懂，简单明了。“各条教约宁言粗俗而求实效，不敢粉饰而事虚文。”务使水兵们“行船时字字依着而行”，“或战或守俱不外此”。《舟师绳墨》是当前仅见的刊印流传至今的中国古代水军教科书，吸取了前人的航海知识与技术，总结了林氏自己在浙江沿海从戎多年的水军训练作战经验，在我国的海洋军事史上占有重要地位。

是书最初在各营官兵抄写讲习，以抄本形式流传，后其旧将、江南苏松总兵陈奎“因叹林公辞世仅 10 余年耳，盛德肤功，白有碑留堕泪。而其婆心一片，尤寄《绳墨》数条，迄今典刑尚在，奚忍湮没不传，徒饱蠹鱼之腹？”于乾隆三十七年（1772）检点遗编，付诸剞劂，此时林氏已辞世 16 年。所幸的是林氏心血借此得以继续在水军中延续，发挥功用。乾隆间刻本为首次刊印，国家图书馆有藏。另有续修四库全书本，据乾隆刻本影印。

5.《浙江省全海图说》一幅，（清）佚名制

清嘉庆间彩绘本，高 42.2 厘米，长 519 厘米，描绘清初浙江岛礁、水军建制等情况。

6.《七省沿海全图》，（清）邵廷烈辑

此图原为长卷，周北堂绘制，道光二十二年（1842）为邵廷烈所得，遂校刻成书。邵氏自序中说明了缘起。是图内容为奉天、直隶、山东、江苏、浙江、福建、广东等沿海诸省，及吴淞口附近地区。邵氏在周北堂原图基础上增补了《吴淞口放洋图》和《江东形胜图》两图，正如陆嵩跋所言：“得兹图以补之，而由海入江之路亦了如指掌，其有裨于近日防海之用

甚大。”版本有《黄陶楼批注七省沿海图》，前有广顺但明伦题写书名，邵廷烈题识、陆嵩跋文。图文双色套印，有大量批注。从卷末题跋落款可知，此图原为黄彭年旧藏。

7.《日本近事记》一卷，（清）陈其元撰

陈其元（1812—1881），字子庄，晚号庸闲老人，浙江海宁人，出生于海宁望族陈氏，少有文名，但直到咸丰五年（1855）屡试不第，仅为拔贡生，遂纳赀捐官，入仕初为金华训导、富阳教谕。太平天国运动期间陈氏先后入李鸿章、左宗棠幕，后历任南汇、青浦、新阳、上海等县知县，颇有建树，显示了不凡的政治才能。后晋知府，任江苏道员，晚年乞归。有《庸闲斋笔记》十二卷行世。

是编成书于同治十三年（1874），收录于《小方壶斋舆地丛钞》第十帙，介绍了日本与中国的交往历史和日本侵略台湾的过程，认为清朝应该发兵征讨日本。文中对日本的认知并不完全准确，完全否定“明治维新”，甚至认为这是一次改朝换代，鄙视日本“一切效法西人，妄思自强。”“彼昏不悟，尚复构怨高丽，使国中改西服，效西言，焚书变法。于是通国不便，人人思乱。”清朝应该“选劲旅万人，径持长崎，进逼倭都。”“号召其前王之旧将与故臣遗民，有愿举义匡复者，俾求故王之后，立以为王，许尽复其国之旧制。各岛主有挈地投诚者，封以王号，使各为自主之国。夫日本之人望变久矣，临以大兵，蔑有不瓦解者。”陈氏对当时世界认知存在盲目的误判，反映了晚清政府官僚体系的闭塞与无知。

版本有光绪间上海著易堂《小方壶斋舆地丛钞》铅印本，每半页十八行，行四十字，四周双边，有界栏，上单鱼尾，白口，版心上镌丛书名、中镌书名及页码，下镌“南清河王氏铸版上海著易堂刊行”。

8.《舟山防守议》一卷，（明末清初）谢泰交撰

谢泰交（1611—1658），字时际，号天童，浙江定海（今宁波镇海）人。《（民国）重修浙江通志稿·著述考》载：谢氏“顺治十一年（1654）贡入太学，以‘防海靖寇机宜对策’第一，以知县用，旋中顺天乡试，归里，卒。见《镇海人物列传》。此书为顺治十三年十一月，舟山平议徙其民于内地，督抚檄下郡县，问诸生父老，舟山应守与否？泰交因作《舟山防守议》

一篇，极言舟山之不可弃，以进，然徙民废地之令终下。”谢氏文采鸿博瑰丽，名称一时，有《舟山防守议》及诗文稿传世。是篇又称《谢泰交奏议》，版本有顺治十六年（1659）其子谢允昌刊本，另有清抄本。谢氏另有《固守舟山要害图说》。

9.《海防述略》一卷，（清）杜臻撰

作者参见《闽粤巡视纪略》条。

《海防述略》，一万余字，自南到北依次介绍广东、福建、浙江、江南、登莱等地区的海防概况，论及各地海防历史、事件、战略位置提出了相应的海防策略，篇末胪列自广东乐会县安南界至鸭绿江朝鲜界的我国东南沿海全境。

清代丁仁《八千卷楼书目》卷八史部：“《海防述略》一卷，国朝杜臻撰，学海类编本”。清官修《清文献通考》卷二百二十三经籍考：“《海防述略》一卷，杜臻撰。臻见传记类。臣等谨按：康熙二十二年（1683），臻奉诏往闽粤定疆理，目击沿海险要及往来策应诸形势，乃作是编，其于海防事宜言之甚，凿凿可据”。清官修《清通志》卷一百艺文略：“《海防述略》一卷，杜臻撰”。清阮元《（道光）广东通志》卷一百九十三艺文略五：“《海防述略》一卷，国朝杜臻撰存。钦定四库全书提要：是书胪列沿海险要形势及往来策应诸地，于诸洋列戍哨探事宜亦并及之”。清史澄《（光绪）广州府志》卷九十一艺文略二：“《海防述略》，国朝□□杜臻撰”。清永瑢《四库全书总目》卷七十五史部三十一：“《海防述略》一卷（浙江范懋柱家天一阁藏本），国朝杜臻撰。臻有《闽粤巡视纪略》，已著录。是书胪列沿海险要形势，及往来策应诸地，于诸洋列戍哨探事宜，亦并及之。案：臻于康熙二十二年奉诏偕内阁学士石柱往闽、粤定疆理，兹书盖即其时所著也”。民国赵尔巽《清史稿》志一百二十八艺文二：“《海防述略》一卷，杜臻撰”。

版本有清道光十一年（1831）六安晁氏木活字《学海类编》本，涵芬楼影印《学海类编》本，《丛书集成初编》本。

10.《海防经略纂要》二卷，（清）章鑰辑

章鑰，字鸣山，浙江会稽（今绍兴）人，生卒不详，曾在嘉定县作过

幕僚，致力于海防研究，亲赴沿海地区实地考察，多方采集资料，结合多种史籍，于乾隆年间编纂成《海防经略纂要》二卷。

是书主要收录了前人海防著述中的散佚篇目，包括海防经略疏议、御倭方略、海防图录及浙江、福建、广东等各沿海地区的地方志，还有水战训练、沿海通界等政治军事资料和风涛占验、风汛潮候、航行气象等海上交通资料。全书篇幅不大，涵盖内容却比较广泛，是研究明清时期海防的重要文献。

许保林的《中国兵书通鉴》、刘申宁的《中国兵书总目》、邓衍林主编台湾文海出版社《近代中国史料丛刊续辑（105）中国边强图籍录》著录，但作者有误，许著误为“章钥”，刘著误为“章纶”。版本有清乾隆十八年（1753）会稽章氏锄经堂刻本，半页九行，行二十六字，白口，四周双边，单鱼尾，北京大学图书馆藏。2005 年茅海建主编学苑出版社《清代兵事典籍档册汇览》第二十册收录全文。

11.《福浙两省江海炮台式样图》一卷，（清）不著制者

清彩绘绢本，高 30 厘米，长 890.8 厘米。

12.《浙江海防要口隘详考全图》一幅，（清）不著制者

清光绪间官修彩绘本，清李鸿章进呈，高 31.5 厘米，长 271.5 厘米。

13.《浙江海防图（浙江沿海图）》一幅，（清）不著制者

清光绪间彩绘本，高 49.5 厘米，长 467 厘米，详细绘制了浙江沿海关隘、布防情况。

14.《浙江省全海图说》一幅，（清）不著制者

清光绪间彩绘本，高 47 厘米，长 569 厘米。

15.《浙江沿海图》一幅，（清）不著制者

清光绪间彩绘本，高 31.7 厘米，长 65.5 厘米。

16.《定海镇海沿海形势图》一幅，（清）不著制者

清光绪间彩绘本，高 65 厘米，长 120 厘米。

17.《中东战史》一卷，〔英〕艾特华斯著，（清）史悠明、程履祥译

作者参见《鸦片战争战史》条。

是书乃史悠明与程履祥合作翻译英国人艾特华斯之作，专纪中日甲午战争事。目次为：中日战争（附战祸原因）、日本好战（附日本宣战书）、中国兵力（附中国海陆军）、背盟挑战（附朝警纪事）、旅大战事（日本夺威海事，附英兵部《东方战纪》）、战争之末（附华军伤失琐记，停战条件，使相遇刺纪实）、议和条款（附马关条约，代案辽东事，据台议）。是编篇幅不大，所选材料客观可信，记述较为系统全面，对于战争的起因、海军力量、海战过程、战后和议均有记述，特别是以西方人视角观察甲午战争，史料价值较为独特。

1957 年中华书局出版的张静庐辑注《中国近代出版史料初编》对该书有介绍。是编初版为新中国图书社光绪二十九年（1903）《中国六十年战史》铅印本，浙江省图书馆有藏。2008 年国家图书馆出版社影印出版《外国人著清史八种》收录《中国六十年战史》，其中包括是编。

18.《世界海军现状》七章，（清）丁士源撰

丁士源（1879—1945），字问槎，又字文槎，号蔼翁，浙江吴兴（今湖州）人。早年就读北洋水师学堂、上海圣约翰大学，后赴英留学。归国后丁氏曾在清政府任民政部顾问、陆军部军法司长等职，为“保皇派”，镇压革命。民国初期，依皖系军阀，投机革命，曾任京绥及京汉铁路局长、国内公债局总理、天津中华汇业银行经理等，为民国政要。1932 年，投靠日本，任伪满洲国驻日公使、伪满洲国驻国联代表等职，成为汉奸，1945 年病亡。

《世界海军现状》成书于清宣统年间，系清宣统初年丁氏应清肃亲王善耆兴复海军之议，结合自己的见闻及各种相关资料编纂而成。该书包括世界海军力、列强海军之竞争及其扩张势头、列强舰队之将来、列强海军政策之概要、英美德法日俄意奥八国海军制度、英美德法日俄意奥八国海军军费之预算、东亚洋面上各国海军势力之比较等七章，是了解当时各国海军的现状的重要文献。

是书流布未广，版本有清宣统二年（1910）铅印本。

第四章　海洋经贸文献研究

古代海洋经济贸易文献，包括记述沿海和海外贸易，沿海盐业的生产、经营、管理、运输等方面资料。

第一节　盐务文献

海水取盐古称“煮海”“煮水”“熬波”。北宋时期的《政和经史证类备用本草》即有海盐生产图，南宋的《福清盐埕经》和《通州煮海录》也有关于海盐生产的记载。两浙制盐业自古颇盛，浙西华亭（今上海）南宋建炎间始立盐监，绍熙年间有浦东、袁部、青村、下砂、南沧等“华亭五场”。元代天台人陈椿有《熬波图》二卷，可谓中国最早的盐业史专著，绘图四十七幅，每图均有图说、诗歌题咏，图文并茂，记录了元代上海地区采盐的工艺流程。明清时期浙江关于盐业的管理出现了各类规定、盐法志，形成了系统的管理制度。

1.《两浙订正盐规》四卷，（明）杨鹤纂

杨鹤（？—1635），字修龄，万历三十二年（1604）进士，明代武陵（今湖南常德市）人，为官清正，先在雒南、长安任职，后任御史，再督两淮盐法、巡按贵州、巡按浙江监察御史，崇祯初年任左佥都御史、左副都御史、兵部右侍郎总督陕西三边军务，因罪遭遣戍袁州，卒于戍地。有《武康四先生集》《罪吟》等著作传世。

《两浙订正盐规》，又名《订正两浙盐规》，共四卷，为明代官修政书，专记明代后期两浙盐法事宜，卷一：征收钱粮总额，支解钱粮总数，边商：勘合额数、各边仓口、投验钞勘合附仓钞、关请引目、派场印挂单票、引目例限、给放库价、酌议引价、禁革囤引，内商：按季序掣、纳馀纸引价、领单引入场期限、买补打引出场期限、商盐出场到所期限、掣盐规则、给商住卖例限、执呈告引、分别三则行盐州县、关津盘验、申明船户脚夫应

捕安害、禁商人添灌、禁挨以□疏积滥、销缴退引、建平运道、婺源分买休宁引盐、金华县额引、嘉定土商增销引目、疏通宜兴引盐、靖江土商认销引盐、买馀盐；卷二票商：行票交额、买补场分、票盐买补期限、押运交掣、掣挚规则、票盐截角、票盐卖销期限、行票境界因革、革票盐诸弊、渔税票、功绩盐、功绩盐季报召商纳价领掣、功绩盐价值、掣挚盘验、兼搭住卖、功绩盐票截角、运司收银规则、起解京银规则、申饬稽核钱粮文簿；卷三场灶：额办盐觔、煎办锅盘、聚团公煎稽煎稽买、钱情场过海煎办、拆毁孔家湾私舍、禁煎盐插和沙土、编审催灶、清理丁荡规则、灶丁荡地不许丈入民额、均分沙荡、兰石碑豪民不许侵越灶荡、见行优恤灶例、续议袁浦场均派补、上海县包补缘由、专责各场官攒催课不许差人下场、革总催供应、革捕兵下团扰害、平市价以服人心禁豪强以纾灶困、灶丁犯罪、宽恤逋负、赈济饥荒；卷四巡缉：立法禁戢私盐、慎选巡盐官补、季招责成捕役、禁捕役预领工食、军卫补兵三等限获、额编赏、禁约、查禁窝家秤手、严禁私贩妄扳平人、严究抢盗□□、严禁江防乘机抢匿商盐、禁盐徒用强逼买私盐、禁治棍徒搅扰场所诈害商人、禁店户掯勒、禁关津吊索商人、禁市棍把持、禁革脚盐以祛奸弊、禁革平埠地棍挟诈、禁革积补逞私诬首、禁掯诬起剥官盐、禁贩私卤，招徕：定立边内商人网纪、票商网纪、经纪、店户、商人优免杂差事例、作养盐商子弟、保□□铺清查盐价、禁分派里甲、禁革无名私税、公费、奉司公费、分司官奉委出巡不得另派公费、各场公费、裁冗员省廪禄以充辽饷、禁革运司衙门人役常例、禁革场官常例、裁革各场积书并运司冗役书手、稽查柴马银数、坐□□甲工食、节□灶勇工食、改佥仓夫、帮贴脚夫差银，罪赎：裁减重赎。

杨氏《自序》言："虽然此非一成不变之书也，补偏救弊，随时斟酌，存乎其人，然有可变者，有必不可变者，可变者变而通之，不可变者令之期于必行，禁之期于必止，是亦思过半矣。"[①] 是编是研究明代两浙地区盐务的重要史料。版本有万历杭州官刻本、万历刊天启三年（1623）重刊本、康熙五十一年（1712）吕犹龙重刊本。天启重刊本，卷前有杨氏《序》，正文每半页九行，行十九字，四周单边，有界栏，上单黑鱼尾，白口，版心上镌书名、中镌卷次，下镌页码。1998 年书目文献出版社《北京图书馆古籍珍本丛刊》史部、2006 年北京图书馆出版社《明代盐政史料辑刊》影印收录全文。

① 《自序》，《两浙订正盐规》，万历刊天启三年重刊本。

2.《重修两浙盐志》二十四卷，（明）杨鹤订定，崔尔进、胡继升续订，王圻纂

杨鹤生平见《两浙订正盐规》条。

王圻（1530—1615），字元翰，号洪洲，上海人，嘉靖四十四年（1565）进士，历任清江知县、万安知县、福建佥事、邛州判官、陕西提学使等职，文献学家、藏书家，有《洪洲类稿》《三才图会》《两浙盐志》《续文献通考》《谥法通考》《稗史类编》《云间海防志》等著作传世，清朱彝尊《静志居诗话》卷十三有王圻小传。

是编《四库全书总目》有提要，“前有自序，谓武陵杨鹤巡按浙江，以《盐规类略》《酉戌沿革》《行盐事宜》三书并旧志授圻增订。遂采其要约，缀入各款，令引票之损益，价值之低昂，课额之盈缩，征解之缓急，商灶之疾苦，犁然具载。於浙中盐务，纪录颇详。然多一时补苴之法，不尽经久之制也。”可知，王圻为实际编纂人，王氏序落款时间为万历甲寅，即万历四十二年（1614），当为成书时间。是编二十卷，卷一、二图说，卷三诏令、盐场界域，卷四各场煎办、锅盘，卷五历代沿革，卷六岁办课额，卷七各项额征、各场额征（上），卷八各场额征（下）、囚监事例、牙税、杂税、库解，卷九边仓引额、各场引额、引目例限、酌定引价，卷十住卖例限、各县引额，卷十一加派引目、余监，卷十二票监派则、续派则，卷十三通商，卷十四恤灶，卷十五捕获派则，卷十六盐政禁约，卷十七职官表、宦纪，卷十八列传、吏役，卷十九至卷二十一奏议，卷二十二至卷二十四艺文。是编图文并茂，资料翔实，保存了明代后期大量盐政史料。

清张廷玉《明史》卷九十七志第七十三：“王圻《两浙盐志》二十四卷”。清万斯同《明史》卷一百三十四志一百八：“王圻《两浙盐志》二十四卷”。版本有万历四十二年刊本，前有王氏自序，正文每半页九行，行十九字，四周单边，有界栏，上单黑鱼尾，白口，版心上镌书名、中镌卷次，下镌页码。2006 年北京图书馆出版社《明代盐政史料辑刊》影印收录全文。

3.《浙盐纪事》一卷，（明）叶永盛撰

叶永盛（?—1601），字子沐，号玉城，明代直隶泾县（今安徽泾县）人，万历十七年（1589）进士，初任兰溪县令，后任御史 9 年，铁面直声，

累官至太仆寺卿。叶氏有刚正之声，不惧魏忠贤阉党，有野史传闻，魏忠贤甚至假传圣旨要谋害叶氏，未得逞。叶氏重文教，在杭州任职盐务期间于栖霞岭筹建崇文书院，留下了一段“舫课”佳话。晚年闭门著述，倾心藏书、写诗，有《叶玉成全集》四卷传世，另有《浙盐纪事》一卷、《玉城奏疏》一卷。叶氏刻印过徐学质《徐孝廉遗稿》二卷，沈懋孝《沈思成先生集》一卷。

两浙盐业自古发达，舟山、宁波、温州等地熬波不息。两浙盐场是明代盐场的重要部分，主要分布在浙东沿海一带，明初朱元璋在杭州设两浙都转运盐使司，辖分司、批验所各四，盐场、盐课司各三十五。两浙盐场的规模庞大，营销浙江、南直隶、江西、安徽、甘肃、宁夏、山西等地区，其税金是明代税收的重要来源，可以说盐业的好坏直接影响明朝的经济状况。万历年间曾发生矿监税使以开矿为名滥增税额，导致民怨沸腾事件，仅浙闽盐税即变价 30 万两，盐业的生产经营将遭受巨大影响。时值叶氏为巡按浙江监察御史督理浙江盐政，其深知其中利害，于是冒着危险通过各种努力上疏神宗万历帝力陈弊端，成功将浙江余盐定额降为岁解三万七千两。《浙盐纪事》即记载这一事件始末。书中详细记述围绕浙江余盐问题各个利益集团而进行的激烈斗争，叶氏亲身经历，叙述翔实可信。是书即可反映明代盐业的重要性，为明代后期盐业史的研究提供珍贵资料，还可以看到明末官场腐败，宦官专权的具体表现。

版本有清抄本，南京图书馆藏。清道光十二年泾县赵氏古墨斋刻泾川丛书本。1985 年中华书局丛书集成初编本。1997 年齐鲁书社《四库存目丛书》集部影印收录全文。

4.《敕修两浙盐法志》十六卷首一卷，（清）李卫等纂

李卫（1687—1738），字又玠，清代江南铜山（今属江苏徐州）人，康熙末年捐官入仕，康雍乾时期名臣，历任户部郎中、云南盐驿道、浙江巡抚、浙江总督、兵部尚书、直隶总督等职，为官清廉，体察民生，谥“敏达”。

是编为官修盐政专志，雍正五年（1727），李卫任浙江巡抚兼管盐政时主持编纂，共十六卷卷首一卷，卷首诏旨，卷一疆域（行盐地方、产盐地方）、附（星野、山川、古迹），卷二图说（行盐地方总图、各场图、各

所图）、附（口字图、书院图），卷三沿革，卷四课额（正课、县场课、功绩、牙税、包课、杂饷、滴珠、杂征、捐解）、附（分征、经费），卷五引目（正引、票引、派额）、附（分销、生引、退引），卷六场灶（各场分隶、团额、锅盘、煎办、盐斤、色味、场地），卷七户口（食盐户口、煎盐户口），卷八律例（大清律、现行则例）、卷九掣挚（季掣、捆运、出场、到所、掘掣、加斤、勾索、截验）、附（例限），卷十成式（引式、票式、水程式、由单式、串式、帖式、牌式），卷十一奏议，卷十二条约，卷十三蠲恤，卷十四职官（职官表、官纪、宦迹）、附（官俸、役食），卷十五商籍（科目、贡选、人物、列女），卷十六上艺文上（制、表、状、议、书、疏）、卷十六下艺文下（序、跋、记、志铭、七、辞、诗）。是编是研究清代盐政的重要史料。

清嵇曾筠《（雍正）浙江通志》卷二百五十四："《敕修两浙盐法志》十六卷，雍正五年浙江巡抚兼理盐政臣李卫修"。版本有雍正六年刊本。乾隆五十七年（1792）重刊本。乾隆重刊本为盐法道藏版，前有李氏自序，正文每半页九行，行二十二字，遇诲抬格，左右双边，有界栏，上单黑鱼尾，白口，版心上镌书名、中镌卷名，下镌页码。1966 年吴相湘主编台湾学生书局《中国史学丛书》影印收录全文。

5.《钦定重修两浙盐法志》三十卷首一卷，（清）阮元、延丰等纂

阮元（1764—1849）字伯元，号芸台、云台，号雷塘庵主，晚号怡性老人、节性斋老人、北湖跛叟，江苏仪征人，世居扬州，乾隆五十四年（1789）进士，入值南书房，提督山东、浙江学政，曾任浙江、江西、河南巡抚，漕运总督、湖广总督、两广总督、云贵总督、礼部、兵部、户部、工部侍郎等职，历乾嘉道三朝，达官显宦，文苑巨擘，谥号"文达"，是清朝一代文宗，思想家。编著了《十三经注疏校勘记》《考工记车制图解》《仪礼石经校勘记》《两浙金石志》《诂经精舍文集》《畴人传》《揅经室集》等 30 余部。延丰具体生平不详。

是编编纂于嘉庆六年（1801），阮元时任浙江巡抚提督军务，延丰时任巡视两浙盐政兼管杭州织造，次年完成由杭州书局刊刻发行。全书共三十卷卷首一卷，卷首诏旨，卷一疆域（行盐地方、产盐地方）、附（选盐程图、

巡盐关隘），卷二图说（行盐地方总图、各场图、各所图）、附（□宇图、文渊阁图、书院图），卷三课额一（商课、县场课、功绩、牙税、包课、杂饷、滴珠、杂征、引课分征、县课分征），卷四课额二（场课分征、牙税分征、杂饷分征）、附（解支款目），卷五引目（正引、票引、正票引派额、正票引分销、余引）、附（请颁引目、给派引目、缴销残引、引票奏销），卷六场灶一（各场分款、□□团额、现煎团额、锅盘、煎办、盐斤、色味、仓□、场地、灶□），卷七场灶二（同前），卷八帑地（帑盐缘起、帑盐本羡、帑盐例案、帑盐成规、各场借帑、商人借帑）、附（免费地方），卷九掣挚（季掣、捆运、出场、到所、掘掣、加斤、□子、截验）、附（例限），卷十至卷十二奏议，卷十三律例一（大清律、现行则例上），卷十四律例二（现行则例下），卷十五至卷十六条约，卷十七成式（引式、票式、水程式、由单式、串式、帖式、牌式、契尾式、实收式），卷十八优恤（恤商、恤灶、奖员），卷十九至卷二十沿革，卷二十一职官一（职官表、官纪上），卷二十二职官二（官纪下），卷二十三职官三（宦迹）、附（官俸、役食），卷二十四商籍一（科目、贡选），卷二十五商籍二（人物），卷二十六商籍三（列女），卷二十七艺文一（制、表、书、疏上），卷二十八艺文二（疏下、状、扎子、议、揭、序、引、跋、考、说），卷二十九艺文三（颂、记上），卷三十艺文四（记下、七、诗）。

清周中孚《郑堂读书记》卷三十史部十六："《钦定重修两浙盐法志》三十卷，嘉庆壬戌刊本。国朝浙江巡抚阮元、两浙盐政延丰奉敕监修。谨按两浙盐志自明嘉靖时，御史刘仕贤创始，其后重修于参政王圻，而阅岁既久，散佚无存。国朝雍正二年，巡抚李卫奉命重加纂辑，分门比类，条例井然，顾书成至嘉庆六年，又将八十载，其间因革损益，随时制宜，互有同异，元等承旨增修，就现行事例逐加条纂，冠以诏旨，凡分疆域、图说、课额、引目、场灶、帑地、掣验、奏议、律例、条约、成式、优卹、沿革、职官、商籍、艺文十有六门，条系目于其下，其于旧志之阙漏者补之，更正者厘之续之，以期勉副赅备之明训，故视旧志极为详晰云。书成于六年十月，恭摺进呈，七年正月遵奉谕旨，改定数条，覆加详勘，即付刊刻。至八月刊竣，复同原进缮本，一并呈览，所有额征数目，及经理各事宜，俱以进书时为断，其在成书之后者，概不增易，以期截然画一，免致参差，其断限亦可谓矜慎矣。卷首有延丰请修奏折进书奏折及职名，凡例末附李卫旧序，又有元及延丰两后序。”是编在李卫纂《敕修两浙盐法志》基础上增删而成，是研究清代盐政的重要史料。

版本有清嘉庆六年（1801）内府抄本、嘉庆七年杭州书局刊本，同治十三年（1874）浙江盐局刻本。同治刻本正文每半页九行，行十九字，四周双边，有界栏，上单黑鱼尾，白口，版心上镌书名、中镌卷名、卷次，下镌页码。2002 年上海古籍出版社《续修四库全书》史部政书类影印收录同治刻本。

6.《道光查办盐务河工海塘奏稿》不分卷，（清）敬征等撰

敬征（1785—1851），姓爱新觉罗，宗室，满洲镶白旗人，曾察治盐务，勘察浙江等地海塘工程。版本有清抄本，著录于 1993 年上海古籍出版社《中国古籍善本书目》史部诏令奏议类，藏于北京大学图书馆，未见。

7.《两浙盐法续纂备考》十二卷，（清）杨昌濬、季伦全等纂

杨昌濬（1825—1897），字石泉，湖南湘乡人，参与镇压太平天国运动，有军功，同治二年（1863）任职浙江盐运使、浙江巡抚，实施盐政改革，同治十三年（1874）纂成《两浙盐法续纂备考》。是编十二卷，分别为分票运一卷、纲运二卷、复引三卷、复地一卷、收私二卷、灶地一卷、条案二卷。清丁仁《八千卷楼书目》卷九史部：“《两浙盐法续纂备考》十二卷，国朝杨昌濬撰刊本”。刘锦藻《清续文献通考》卷二百六十五经籍考九：“《两浙盐法续纂备考》十二卷，杨昌濬撰。昌濬字石泉，湖南湘乡人，诸生，官至陕甘总督”。民国赵尔巽《清史稿》志一百二十八艺文二：“《两浙盐法续纂备考》十二卷，杨昌濬编。”版本有同治十三年刻本，卷前有杨氏自序，未见。

8.《续纂两浙盐法备考》十二卷，（清）续纂盐法志局纂

是编为官修志书，成书于光绪二十五年（1899），目的在于恢复遭受太平天国破坏后的盐业秩序。是编实为奏牍文案汇编，时间起于同治十三年（1874），止于光绪二十五年，将两浙盐法之章奏批文条例，按时间顺序，分票运、纲运、复引、币引、复地等五大类逐年辑录。版本有光绪二十五年刻本，八册十二卷，前有廖寿丰、刘树堂等人序文，未见。

9.《温处盐务纪要》一卷，（清）赵舒翘辑

赵舒翘（1848—1901），字展如，号琴舫，晚号慎斋，陕西长安人，同治十三年（1874）进士，任刑部主事、提牢厅主事、直隶司主事、凤阳知府，光绪十六年（1890）升任浙江温处道道员，整饬盐务，著《温处盐务纪略》一卷。光绪十九年任授浙江按察使，同年冬补授浙江布政使，重视温处防卫。光绪二十年后历任江苏巡抚、刑部左侍郎、礼部左侍郎、刑部尚书等职，为官刚正，有直名，但反对变法。另有《提牢备考》二卷、《慎斋文集》十卷、《慎斋别集》四卷传世。是书乃温处盐厘改官办过程中往来文牍、章程的汇编。版本有光绪十九年瓯江官舍刻本，卷前有赵氏自序，未见。2009年国家图书馆出版社《稀见明清经济史史料丛刊（第一辑）》影印收录全文。

10.《温处盐务纪要续编》一卷，（清）沈寿铭辑

沈寿铭，浙江人，曾任浙江候补通判，生平不详。是书著录于2008年北京图书馆出版社《明清以来公藏书目汇刊（48）》史部政书类，版本有光绪二十一年（1895）瓯江官舍刻本，上海图书馆有藏，未见。

11.《浙江省盐务变通章程》不分卷，（清）佚名撰

版本有道光三十年（1850）刻本，未见。

第二节　海洋贸易文献

浙江海洋经贸自古繁盛，起步早，范围广，明州（宁波）位列中国古代四大名港，是“海上丝绸之路”的始发港之一。两宋时期已出现专职管理海外贸易的机构市舶司，浙江的丝绸、瓷器、茶叶等商品通过海路源源不断走向世界，带来了巨大的财富。明清时期浙江东部沿海虽然因海禁政策，只有勘合贸易合法，严重影响了海外贸易的发展，但在海洋经贸方面依然走在前列。

1.《历代市舶记》一卷，（明）卜大同撰

作者参见《备倭记》条。

清黄虞稷《千顷堂书目》卷八："卜大同《历代市舶记》"。清嵇曾筠《(雍正)浙江通志》卷二百四十四："《历代市舶记》一卷，《(万历)秀水县志》，卜大同著"。清万斯同《明史》卷一百三十四志一百八："卜大同《历代市舶记》"。未见，或已散佚。

2.《宁波口华洋贸易情形论略》，（清）浙海关税务司撰

是编为晚清官方编纂，每年年初照例一篇，起自光绪八年（1882）至宣统三年（1911）清帝退位，民国初年依然呈报，概括宁波口年度对外贸易情况，数据翔实。版本有光绪间铅印本。2002 年中华人民共和国杭州海关译编浙江人民出版社《近代浙江通商口岸经济社会概况 浙海关 瓯海关 杭州关贸易报告集成》收录。

3.《光绪通商综核表》十六卷，（清）钱恂撰

钱恂（1853—1927），字念劬，浙江归安（今吴兴）人，晚清知名外交官，1884 年中法战争期间入宁绍台道薛福成幕，为薛氏门人，曾受命整理宁波天一阁藏书，成《天一阁见存书目》。光绪十六年（1890）以直隶候补县丞身份随薛福成出使英、法、意、比等国，二十四年任湖北留日学生监督。光绪三十一年任赴东西洋考察宪政大臣的参赞官，三十三年分省补用知府出任荷兰大臣，次年为出使意大利大臣，宣统元年（1909）回国，民国初任参政院参政，有《二二五五疏》，专记其出使荷兰、意大利之情况。

《光绪通商综核表》十六卷，乃钱氏早年著作，是在杨楷所撰通商十二表的基础上，考证删订而成，约成书于光绪十七年（1891），旨在讲求时务，收录光绪元年至十三年中外通商资料。是书包括表十四：《洋关税钞岁入表》《各关税钞分列表》《带征洋药厘金表》《内地半税细数表》《进出货价赢绌表》《各国往来货价表》《进口货价类列表》《出口货价类列表》《各国运销茶数表》《俄国运茶另数表》《各口运销洋药表》《进口杂货衰旺表》《出口杂货衰旺表》，并附《中西纪年周始表》。每表前有一篇叙论。

版本有光绪二十年与《中外交涉类要表》上海醉六堂刻合刊本，前有谭献叙、钱氏自序，正文有《中外交涉类要表》四卷与《光绪通商综核表》十六卷两部分，卷末有钱氏跋文交代是书缘起。序跋文中称"学嘉""积跬步生"，均指钱恂。另陕西有官刊本，史料续增至光绪十七年。1977 年台北

文海出版社《近代中国史料丛刊续编》影印收录是书。

4.《中外交涉类要表》四卷，（清）钱恂撰

作者参见《光绪通商综核表》条。

《中外交涉类要表》四卷，包括《各国签订条约表》《江海口岸贸易表》《陆路口岸贸易表》《使臣出洋分驻表》四部分。每表前有一篇叙论。版本有光绪二十年（1894）与《光绪通商综核表》上海醉六堂刻合刊本，1977年台北文海出版社《近代中国史料丛刊续编》第48辑影印收录是书。

5.《浙海钞关征收税银则例》一卷，（清）不著撰人

版本有浙江提刑按察使司刻本，清初、康熙、雍正间均有刻本。未见。

6.《嵊泗列岛晚清民国鱼货账簿》五种，（清末民初），不著撰人

嵊泗列岛晚清鱼货账簿是记录舟山市嵊泗县民间鱼货交易的原始文献，是遗存在民间的不可多得的历史档案。当前收集到五种，现收藏于嵊泗县图书馆。账簿纸多用兰格或红格纸，也有以自行裁剪装订的册子为书写材料的；记录格式大体一致，账簿封面有鱼货店名或鱼货店主姓名，如“蔡恒兴”；账簿内为每一个买方立一账户，每交易一次，便记录鱼货种类、重量、价格、金额及交易时间等款项，结账后，在相应位置钤“清”字红印，逐次累计，如遇过入新账时，则钤“过入新账”红印。账簿作为一种民间文书，记录了海岛渔民原生态的经济活动，从一个侧面反映了晚清海岛渔业交易的组织形式、流通渠道、物价水平以及渔民的生活状况，看似呆板无趣，实则真实鲜活，对于晚清海洋渔业史、海洋社会史、海洋生活史研究，乃至我国的海洋文化的深入研究都具有重要的文献价值。

第五章　海洋科技文献研究

明清时期浙江海洋科技文献，包括潮汐研究、海塘水利、海洋生物等多个方面。潮汐类文献即记述对潮汐这一自然现象观察、认知、研究及防范的文献资料；海塘水利文献是指记录沿海地区修筑海塘与相关水利工程的建设经过及经验得失的文献资料；海洋生物文献主要是指对海洋动植物、水生物观察、研究的文献资料。

第一节　潮汐文献研究

潮汐是海洋水面在月球和太阳引力作用下呈现周期性涨落的自然现象。浙江钱塘海潮是世界三大涌潮之一，钱塘江口独特的地理特征形成了壮观的海潮景象。自古以来浙江沿海对海潮成因、规律的探索逐步深入，形成了多部海潮专著。8 世纪中后期，唐代浙东人窦叔蒙即撰写了《海涛志》（又名《海峤志》）一书，深入探讨了潮汐的成因，正确指出了潮汐的产生与月亮的运行有密切的关系，总结了潮汐涨落规律，并首创潮汐表。窦氏在潮汐研究方面取得的科技成就在当时无出其右者，远远超出同时代其他潮汐研究著作，对后世潮汐研究影响很大。唐代卢肇撰《〈海潮赋〉并序》，首次提出潮汐与太阳的联系，在潮汐研究领域有突破性创建。五代时期邱光庭撰《海潮论》一卷，虚构东海渔翁与西山隐者二人，以问答的形式论述观点，总结了前人的经验，对海潮的成因、名称、涨落规律、影响等进行了科学的阐述，形成了当时较为成熟的潮汐理论。北宋燕肃撰《海潮论》，在长期实地考察观测的基础上，科学地分析了海潮成因，准确推算了海潮涨落时间，阐明了钱塘潮的形成原因，绘制了《海潮图》。北宋张君房撰《潮说》，推崇唐代浙东窦叔蒙《海涛志》，强调潮汐的起因与月亮关系密切，同时指出了窦氏对浙江潮研究的错误。南宋马子严撰《潮汐说》述潮汐与日月运行关系，并指明潮汐涨落时间。南宋朱中有生长于海滨，致力于观察钱塘潮 50 年，著有《潮赜》一书，印证了燕肃“沙坎成波”理论的正确性。元代杭州人聚伯宣撰《浙江潮候图说》，当时刻于钱塘江浙江亭的墙壁上，图文并茂，用来提醒路人注意预防海潮危险。元代吴亨寿撰《答高起岩论潮书》，采用书信形式，以浙江潮为研究对象，运用象数学来解释潮汐现象。明清时期浙江有关海潮研究的专著，研究更加系统。

1.《海潮集说》，（清）吴焯撰

吴焯（1676—1733），字尺凫，号绣谷，晚号绣谷老人，浙江钱塘（今杭州）人（一说安徽歙县人），擅诗文，好藏书，精校勘，有藏书楼，名“瓶花斋”，名重东南，有《薰习录》《绣谷杂抄》《陆渚飞鸿集》《经山游草》等著作传世。民国李榕《(民国）杭州府志》卷八十七著录“《海潮集说》，钱塘吴焯尺凫撰。”未见。

2.《候潮图说》一卷，（清）陈敬礼撰

陈敬礼，字舆伯，号印浦，浙江海宁人，生卒不详，嘉庆元年（1796）丙辰恩贡，有《知服轩钱谱》《问奇备录》《知服轩吟草》等著作传世。民国李榕《(民国）杭州府志》卷八十七著录“《候潮图说》一卷，贡生海宁陈敬礼印甫撰”。未见。

3.《海潮说》三篇，（清）周春撰

周春（1729—1815），字芚兮，号松霭，又号内乐村叟，晚号黍谷居士，浙江海宁人，幼承家学，颖悟勤勉，学识渊博，擅经学、音韵学，又是《红楼梦》研究索隐派鼻祖，为时人所重。乾隆十九年（1754）进士，乾隆三十年任广西岑溪知县，政声颇佳。一年后，居家专心治学，直至终老，著述颇丰，有《音学三书》《古文尚书集说》《海潮说》等数十种著作传世。《清史稿》卷四百八十一有传。

是编约五千字，分上、中、下三篇，论述钱塘潮较其他处海潮独具特色的原因，列举了王充、卢肇、郦道元等人关于潮汐成因的不同观点，科学地分析了钱塘江头潮、二潮、南潮、北潮的成因，并提出暴涨潮是江潮和海潮共同作用的结果。这一理论得到了现代暴涨潮理论的证实。该书是我国古代潮汐研究的重要科技文献。

清代刘锦藻《清续文献通考》卷二百七十经籍考十四：“《海潮说》一

卷，周春”。清丁仁《八千卷楼书目》卷八史部：“《海潮说》一卷，国朝周春撰，艺海珠尘本”。民国李榕《(民国)杭州府志》卷八十七：“《海潮说》一卷，海宁周春撰”。《四库全书存目丛书》自然科学类，均有著录。

1980年中国古潮汐史料整理研究组编纂科学出版社出版的《中国古代潮汐论著选译》部分节录。1995年《海宁文史资料专辑·海宁潮文化》点校收录。版本有乾隆四十六年(1781)刊《艺海珠尘》本，民国十一年(1922)清吴骞辑上海博古斋影印《拜经楼丛书》本，《丛书集成初编》本。

4.《海潮辑说》二卷，（清）俞思谦辑

俞思谦，字秉渊，号潜山，国子监生，浙江海宁人，生卒不详，主要生活在乾隆年间。俞氏生长于钱塘江口，熟悉潮汐涨落规律，广泛收集网罗古今潮汐研究的历史资料，上溯至公元前10世纪，下讫乾隆年间，分类编纂，于乾隆四十六年（1781）编撰成《海潮辑说》一书。另有《姑射山房诗钞》传世。

关于是书编纂缘起，周氏《自序》言：“然自来言潮者，颇少专书。即间有一二篇，又多缺略未备，或偏执一见，务伸己说，不求其是。予窃惜之，因网罗载籍，辑《潮说》二卷：上卷专述论潮之说；下卷遍及海内之潮，而泉与物之应乎潮者，亦附之。”全书上下两卷，二十目，约三万字，分类汇编，卷上包括潮原第一、潮说存疑第二至第六，主要论述潮汐成因；卷下包括入古九河碣石之潮第七，入济之潮第八，入淮之湖第九，入江之潮第十，入松江之潮第十一，入浙江之潮第十二，入浙东诸江之潮第十三，入闽江之潮第十四，入粤江之潮第十五，钦廉、琼海之潮第十六，安南、扶南之潮第十七，东西两海诸国之潮第十八，应湖之泉第十九，应潮之物第二十，论述河口潮汐和安南、扶南等东南亚诸国的潮汐，及应潮泉和应潮物等。该书是我国古代第一部系统的潮汐学史专著，引用古籍一百三十九种，为我国的潮汐学史研究保存了珍贵的资料。

清丁仁《八千卷楼书目》卷八史部：“《海潮辑说》二卷，国朝余思谦撰，艺海珠尘本”，其中“余”当为“俞”。清刘锦藻《清续文献通考》卷二百七十经籍考十四：“《海潮辑说》二卷，俞思谦”。民国李榕《(民国)杭州府志》卷八十七：“《海潮辑说》，监生海宁俞思谦潜山撰”。

清秦瀛《小岘山人集》卷三有秦氏《海潮辑说序》，阮元《定香亭笔谈》

卷三收录阮氏《海潮辑说序》，均对俞氏其人其书作了介绍。版本有乾隆四十六年（1781）刻《艺海珠尘》本，《丛书集成初编》排印本。

5.《海宁县海潮议》七篇，（清）陈诜撰

陈诜（1642—1722），字叔大，号实斋，海宁盐官人，清代官员。是编为陈氏致仕归乡后撰写，分析海宁海潮危害和海塘情形，主张复建塔山坝等，并阐明了修筑方法。清方观承《两浙海塘通志》卷十九、贺长龄《清经世文编》卷一百二十、翟均廉《海塘录》卷二十收录。版本有《四库全书》本、清刻本。

第二节　海塘水利文献研究

浙江海潮历来危害极大，修筑海塘是浙江沿海抗争自然的重要表现之一。据有关记载元代宁波人叶晋撰《海堤记》，明代晋江人黄光升撰《海塘记》，二书均已失传。明清两代浙江海塘修建超越历史上任何一个时期，留下来大量海塘修建专著、海塘图说、工程档册、管理章程等文献资料。

1.《全修海塘录》十卷，（明）不著撰人

见清黄虞稷《千顷堂书目》卷八："《全修海塘录》十卷，万历间邑人编次，海盐县海塘修筑事实最为详悉"。未见。

2.《历修海塘录》九卷，（明）不著撰人

见清黄虞稷《千顷堂书目》卷八："《历修海塘录》九卷，万历间筑，不著撰人。"未见。

3.《海盐筑塘记》一卷，（明）不著撰人

见清黄虞稷《千顷堂书目》卷八："《海盐筑塘记》一卷，不著撰人"。未见。

4.《海盐县新修海塘录》十卷，（明）徐栻撰

徐栻（1519-1581），字世寅，号凤竹，明苏州府常熟人，嘉靖二十六年

（1547）进士，初授宜春令，历任南京都察院御史、浙江布政司都事、浙江按察佥事、累官至南京工部尚书，万历初罢官，《仕学集》传世，徐氏传见《明史》卷二百二十《刘应节》。是编见清徐乾学《传是楼书目》著录：“《海盐县新修海塘录》十卷，明徐栻，六本”。未见。

5.《海塘录》十卷，（明）仇俊卿撰

仇俊卿，字舜徵，生卒不详，浙江海盐人，博学好古，承家风，为官恪尽职守，著述关乎人品治道，曾任职惠安县，万历年间任国子监博士。隆庆三年（1569），海盐海塘坍塌，俊卿上疏请修筑，其次子原叟在呈送疏奏归途中病死，还变卖家产充当资金。万历十五年（1587），海塘再次溃塌。仇俊卿将万历十五年重修海塘工程的情况，编成《海塘录》十卷。

是编乃修筑海塘的专书。卷一录塘图七十余幅，图中堤坝不同位置以千字文顺序编号；卷二申文一条、勘议三条；卷三奏疏八章；卷四督行事宜十三款；卷五续议事宜八款、酌处供应六款；卷六优恤事宜七款；卷七奖赏事宜七款；卷八报工缘由一条、叙功缘由二条；卷九善后事宜五款；卷十录全修捍海塘碑记并铭等。最为后世学者称道的是全面详备，从海盐地势、灾后景象、灾害波及范围破坏程度，重修海塘的方案，到砌石方法、石料及木桩的数量、费用及各种物品的价格等记载格外详细。比如，预算重修工料银计“四万七千二百九十七两三分七厘”，“估应添新石搼木夫匠工食共银三百三十九两六钱二分八毫七丝五忽”等。是编为研究明代的社会、经济等领域的状况提供了珍贵的文献。

清黄虞稷《千顷堂书目》卷八：“仇俊卿《海塘录》十卷”。清嵇璜《续文献通考》卷一百七十一经籍考：“仇俊卿《海塘录》八卷。俊卿海盐人，官国子监博士”。清万斯同《明史》卷一百三十四志一百八：“仇俊卿《海塘录》十卷”。 清徐乾学《传是楼书目》：“海盐县《全修海塘录》十卷，明仇俊卿，五本”。清张廷玉《明史》卷九十七志第七十三“仇俊卿《海塘录》十卷”。清永瑢《四库全书总目》卷七十五史部三十一：“《海塘录》八卷（江两巡抚采进本），明仇俊乡撰。俊乡海盐人，官国子监博士。万历十五年海盐塘溃重修，俊卿因录其图式案牍为此书，《浙江通志》已采录其大略。其所纪述距今一百余载，亦今昔异宜矣”。其中“乡”当为“卿”。

是编成书后有多种刻本，现存版本较少。2003 年《美国哈佛大学哈佛

燕京图书馆藏中文善本丛刊》收录了此书：明刻清修补印本。二册。半页十行二十字，四周单边、左右双边不等，白口，单鱼尾。目录页框高二十点一厘米，宽十四点三厘米。题“海盐县知县晋江谢吉卿校正；国子监博士邑人仇俊卿编次”。有图。此本有清代补板，如卷八第二十九页“张文炫”之“炫”字，右“玄”避康熙帝讳。钤印有“蛟川方义路正甫氏所藏金石书画之印”“慈溪冯可镛藏书”“舸月读书记”。

6.《续修海塘录》二卷首一卷，（明）乔拱璧撰

乔拱璧，字谷侯，号讱庵，又号剑浦，明代上海县川沙（今属上海浦东新区）人，万历三十五年（1607）进士，历任海盐县令、工部主事、兵部武选司员外郎、顺天府教授、南京兵部郎中、湖广佥事、湖广布政司参议等职，颇有政绩，生卒不详。有《盐官案牍》传世。《（光绪）海盐县志》《川沙厅志》均有传。

万历三十六年，乔氏任海盐县令，三十九年主持修塘，并编纂了《续修海塘录》二卷，专记海盐县修筑海塘诸事，是为明代仇俊卿《全修海塘录》十卷之续书。卷首为海盐县辛壬修筑海塘碑记，海塘修筑图 7 幅，记明万历三十九年、万历四十年两次修筑海塘之事，图说并举，数据精细；卷一为辛亥修塘公移，包括通申估筑海塘缘由、续报估筑海塘缘由、申详改板缘由、续报覆估海塘缘由、申报完工缘由、三院奖赏各官帖文等六篇；卷三为壬子修塘公移，有申请接筑海塘缘由一篇。是编多为官方文书、筑塘工程资料等原始文档，详细记录了当时的修筑方法、石料数量价格、工价等信息，真实可靠，对海塘修筑技术研究和明代万历间经济史研究均有一定史料价值。

版本有明刻清修补印本，卷内题“海盐县知县乔拱璧修”，正文每半页十行，行十九字，左右双边，上单黑鱼尾，白口，有界栏，版心上镌书名、中镌卷次，下镌页码。《中国古籍海外珍本丛刊·美国哈佛大学哈佛燕京图书馆藏中文善本汇刊》影印收录，与仇俊卿《全修海塘录》合刊。2014 年郑翰献主编杭州出版社《钱塘江文献集成》之《钱塘江海塘史料（一）》点校收录全文。

7.《海塘录》二十六卷，（清）翟均廉撰

翟均廉（约 1736—1805），字春沚，浙江仁和（今杭州）人，乾隆三十

年（1765）举人，官至内阁中书，水利学家，有《周易章句证异》十二卷、《海塘录》二十六卷传世。

浙江海塘自古以来多有修筑，是编为区域性海塘专志，专记杭州、海宁、海盐等地海塘修筑及历代相关文献研究的专著，成书于乾隆二十九年。清永瑢《四库全书总目》卷六十九史部二十五："《海塘录》二十六卷（浙江巡抚采进本），国朝翟均廉撰。均廉有《周易章句证异》，已著录。浙江海塘在海宁州南，唐宋以来，递有修筑。至国朝，轸念民依，讲求尤备。圣祖仁皇帝暨我皇上，均亲临相度，用建万年保障之基。是编综括古今，恭录诏谕圣制以弁冕于卷首。次为《图说》一卷，《疆域》一卷，《建筑》四卷，《名胜》二卷，《古迹》二卷，《祠祀》二卷，《奏议》五卷，《艺文》八卷，《杂志》一卷。征引各史纪、志及《玉海》，乾道、咸淳《临安志》，《四朝闻见录》，《明实录》诸书。其考订辨证，颇为该洽。如订正盐官海塘长百二十四里，唐开元所筑，旧志作二百二十四里者误。引《泊宅编》载宋制有铁符镇海，皆史传所未载。他如海宁之堤筑于沈让诸，又志乘所未备。考《浙江通志》，虽有《海塘事宜》一门，然仅至雍正十一年而止。是编详叙至乾隆二十九年，凡圣谟指示，睿虑周详，以及臣工奏议，皆谨为诠叙，尤足以昭示后来。其中如《建筑门》叙述宋制，而不及引《咸淳临安志》所载林大鼐之议。明安然之作石堤，《明实录》载于洪武十年，而书中误作十一年。间有脱略，然不足累其全书云。"《图说》包括海塘、江塘、引河、土备塘、柴塘、皇朝鱼鳞大石塘、大石塘底桩、大石塘十八层式、土戗、条石坦水、草盘头、切沙、尖山石坝、木柜、竹络、明坡陀塘、明五纵五横鱼图等十四幅图，并附图说。是编成书之后没有马上刊印，乾隆四十九年（1784）在编纂入四库全书时内容稍有增补。清代康雍乾时期对浙江海塘修筑格外重视，多次下旨修葺。是编成书时间恰在乾隆中期，可以说带有一定的总结性特征，较明代仇俊卿《全修海塘录》十卷，体系更加完备，内容更加详细，准确度更高，是研究海塘工程史、技术史的重要资料。

清丁仁《八千卷楼书目》卷八史部："《海塘录》二十六卷，国朝翟均廉撰，抄本"；官修《清文献通考》卷二百二十三经籍考："《海塘录》二十六卷，翟均廉撰"；清官修《清通志》卷一百艺文略："《海塘录》二十六卷，翟均廉撰"；清永瑢《四库全书总目》卷六十九史部二十五："《海塘录》

二十六卷，浙江巡抚采进本，国朝翟均廉。”民国李榕《(民国)杭州府志》卷八十七：“《海塘录》二十六卷，仁和翟均廉撰，四库附存目”。赵尔巽《清史稿》志一百二十八艺文二：“《海塘录》二十六卷，翟均廉撰”。

版本有《四库全书》本、清古泉草堂抄本。2015 年中国水利水电出版社中国水利史典编委会编《中国水利史典》点校收录全文，前有整理说明，对是编有准确概述。

8.《两浙海塘通志》二十卷首卷一卷，(清)方观承纂

方观承（1698—1768），字遐穀，号问亭，一号宜田，安徽桐城凤仪里人，为乾隆“五督臣”之一，清代名臣，谥“恪敏”。因祖登峄、父式济及家族牵连《南山集》案，父祖被流放黑龙江齐齐哈尔，其因幼年免于发配，但生活困苦，一度寄宿南京清凉山寺靠僧人接济。由官宦子弟忽然沦为无着落的孤儿，历经沧桑世故，然励志勤学，工书。后获平郡王福彭赏识，入府作幕僚。雍正十年（1732）赐中书衔，自此经世才能得以展露。宦海 40 年，历任山东巡抚、浙江巡抚、直隶总督等职务，乾隆十五年（1750）授太子少保衔，乾隆二十年（1755）加授太子太保衔。方观承虽无科名，无军功，但博学干练，颇有政声，熟知水利工程建设，其最大成就即在治理水利。曾请赵一清、戴震辑《直隶河道书》一百三十卷，另有《述本堂诗》《宜田汇稿》《问亭集》及与秦蕙田同撰的《五礼通考》等著作传世。

是编又称《敕修两浙海塘通志》为水利专志，系方观承任浙江巡抚整修两浙海塘时，奏请奉旨组织，由查祥、杭世骏总纂。前有《方序》述修纂缘起过程，首卷录雍正乾隆两朝有关海塘修筑的谕旨，世宗二十二件，高宗七件。正文分图说、历代兴修、清代建筑工程、物料、坍涨、场灶、职官、潮汐、祠庙、兵制、关隘、江塘、艺文等二十卷。是书记述了两浙历代海塘兴修的历史，刊刻全省总图，及杭州、绍兴、嘉兴、宁波、温州、台州等六郡海塘图籍，关于工程管理、潮汐变化、官职设置等也有详细介绍。是书乃首次浙江海塘营建，于沿革、物料、经费等方面均有论及，系统翔实，图文并茂，堪称海塘专志的典范，对我国古代两浙地区及全国的水利海防研究具有重要的史料价值。

清丁仁《八千卷楼书目》卷八史部：“《两浙海塘通志》二十卷，国朝方观承撰，原刊本”；清刘锦藻《清续文献通考》卷二百六十六经籍考十：

“《两浙海塘通志》二十卷，方观承撰”；民国李榕《(民国)杭州府志》卷八十七：“《两浙海塘通志》二十卷，海宁查祥撰”；民国赵尔巽《清史稿》志一百二十八艺文二：“《两浙海塘通志》二十卷，方观承撰”。

是书成书于乾隆十五年（1750），翌年刊行，北京图书馆有藏。四周双栏，半页九行，行二十一字，白口，单鱼尾，版心镌书名、目次、页码。《续修四库全书》史部政书类影印收录。2012年《浙江文丛》亦影印收录。

9.《浙江通志水利海防》十四卷，（清）李卫、沈翼机等纂修

李卫（1687—1738），字又玠，江南铜山（今江苏丰县）人，清代雍乾时期名臣。沈翼机，字西园，号澹初，浙江海宁人。李氏在浙江总督任上重视修筑海塘，防护海潮侵害。中国古籍总目编纂委员会编《中国古籍总目》史部六政书类水利之属：“《浙江通志水利海防》十四卷，清李卫、沈翼机等纂修，清光绪五年墨润堂刻，南京图书馆、浙江图书馆。”2008年北京图书馆出版社《明清以来公藏书目汇刊33》：“《浙江通志水利海防》十四卷（缺名，清光绪墨润堂重刊巾箱本，史五二）”。版本有清光绪五年（1879）留云借月轩主人墨润堂刻本，惜未见。

10.《镇海县海塘图略》一卷，（清）王梦弼制

王梦弼（1688—1755），字代言，又字惕庵，河南商丘人，乾隆十一年（1746）始任镇海知县，七年后调任姚州知州。王氏在镇海任职期间，曾完成了修筑钩金塘，改造后海塘等一系列大规模加固、修造海塘工程，勤政爱民，恪尽职守，颇有政声，为民称道。乾隆十七年（1752）还主持编纂完成了《镇海县志》。是图即王氏任镇海知县期间绘制，记修筑海塘事，清乾隆间彩绘本。

11.《海塘说》一卷，（清）高晋撰

高晋（1707—1778），字昭德，高佳氏，满洲镶黄旗人，乾隆时期治河名臣，通晓治理河道方略，继承前人“束水攻沙，蓄清刷黄”的方法，确定良好效果，参与永定河、黄河治理，曾任江南河道总督。乾隆四十三年（1778）赴浙江视察海塘建设情况。《海塘说》一卷六百余字，概论浙江沿海杭嘉宁绍温等地的地势特点对海潮的影响，以及海塘建设中应注意的相

应问题，并概述了雍正、乾隆时期对浙江海塘建设的重视及海塘修筑情况。版本有《小方壶斋舆地丛钞编》本，收录于第九帙。

12.《海塘新志》六卷，（清）琅玕编

琅玕（?—1804），觉罗氏，满洲正蓝旗人，捐纳笔帖式，累迁刑部郎中，历任内阁学士、江苏按察使、刑部侍郎等职，乾隆五十年（1785）任浙江巡抚，清廷镇压台湾林爽文起义时，琅玕储谷二十万石于乍浦、宁波、温州，由海道输至台湾，获乾隆帝嘉许。后因处置海盗、漕运灯饰不当，遭解职，任头等侍卫。乾隆五十六年（1791）浙江海塘工程损坏，琅玕在任时未亲勘，乾隆帝诏责赔修。后历任叶尔羌办事大臣、喀什噶尔参赞大臣、热河避暑山庄总管、刑部侍郎、贵州巡抚、云贵总督等职。谥“恪勤”。《清史稿》卷三百五十八有传。

《海塘新志》六卷，兹篇乃续方观承等《海塘通志》之例而成，故名新志，专记浙江海宁州南，杭、嘉、宁、绍、温、台六地海塘兴筑毁圮情况。其总目共分四门：①天章，皆为上谕及御制诗文；②形势，将当时潮水冲刷筑塘捍卫之地绘制成图，共十一幅，依次为海塘全图、三叠图、尖山一带海塘图、念里亭一带海塘图、海宁州南一带海塘图、马牧港海塘图、老盐仓海塘图、华嘉卫一带海塘图、翁家埠一带海塘图、章家庵一带海塘图、朱笔圈记处海塘图；③修筑，列叙建筑之事，使知前之不固之币，今之奠定之由。④工料，谨遵部定采取，然物料不同，价格亦异，皆核实开载，不以琐细而略之。此志仿《浙江通志》之例，于海塘工程改用编年法。所载虽只限于海宁州尖山起至仁和县范公塘止，然记述清楚，考证详明，诚为有用之书。

据《中国古籍总目》著录，是书有清乾隆间刻本，南京、浙江图书馆有藏。清乾隆间刻道光修补本，天津、上海、南京、浙江及国家图书馆有藏。清乾隆五十六年抄本，故宫博物院有藏。清丁仁《八千卷楼书目》卷八史部：“《海塘新志》六卷，国朝方观承撰，原刊本”。清刘锦藻《清朝续文献通考》和民国赵尔巽《清史稿·艺文志》亦将《海塘新志》与《两浙海塘通志》均归在方观承名下，当有误。2006 年广陵书社出版的《中国水利志丛刊》收录了该书。1970 年台湾成文出版社《中国方志丛书》收录了《新志》及《续志》。

13.《捍海塘志》一卷，（清）钱文瀚、钱泰阶辑

钱文瀚，钱塘（今浙江杭州）人，详尽生平待考，朱文藻《序》中称萼园先生，有《吴越钱氏志》等著作传世。钱泰阶，生平亦不详，为文瀚侄辈，嘉庆二年（1797）泰阶奉其叔之命修钱氏宗谱，《捍海塘志》原为其中一部分。朱文藻《序》言："近承其叔萼园先生之命修钱氏宗谱，因先辑表忠观，志既成，出所列《捍海塘志》一种。"

钱泰阶在《跋》中言其"自维任钜责重，特谊有不辞"，遂与兄弟、同学等"僶勉从事，互相考订，凡事关筑塘捍海者，悉搜葺序入，自十月望始越二旬而告成"。是编成书于嘉庆二年，内容包括恭纪宸章、部文、武肃王像、射潮图、钱江图说、武肃王与海神诗、文僖公录筑塘遗事、志载、铁幢志、广志（后附吉大中丞重修表忠观碑记）、水利（附）等部分。是编绘图列说，广采诸家史乘、传记，如《大清一统志》《浙江通志》《杭州府志》《钱塘县志》《仁和县志》《海宁县志》《两浙海塘通志》《宋史河渠志》《吴越备史》《钱塘遗事》《梦粱录》等，详细记述杭州修筑海塘始末，对于钱王强弩射潮之事记述尤为详备。当如泰阶《跋》言，其不遗余力搜集成集，意在让"后嗣子孙最不敢遗忘之事也"。

清丁仁《八千卷楼书目》卷八史部："《捍海塘志》一卷，国朝钱文瀚撰，抄本、掌故丛编本。"清刘锦藻《清续文献通考》卷二百六十六经籍考十："《捍海塘志》一卷，钱文瀚撰"。民国赵尔巽《清史稿》志一百二十八艺文二："《捍海塘志》一卷，钱文瀚撰"。民国李榕《(民国)杭州府志》卷八十七："《捍海塘志》一卷，钱文瀚撰"。《(民国)重修浙江通志稿·著述考》："《捍海塘志》一卷，清钱文瀚撰。案：文瀚，字无考。此书载《杭志·艺文》，未见。"上海图书馆编《中国图书综录（二）》子目著录"《捍海塘志》一卷，清钱文瀚撰，武林掌故丛编第九集"。

版本有武林掌故丛编本，清刻本，每半页十行，行二十格，每行镌十八字，字宋体，遇尊敬之辞抬格镌刻，抬一、二、三格不等，四周双边，有界行，上单黑鱼尾，版心镌书名、目次、页码，卷首扉页两页有陈杞篆书题写分别为"吴越国武肃王捍海""石塘志，仁和陈杞敬篆"，并有刻有陈杞印钤两枚。卷前有《捍海塘志序》二篇，分署"嘉庆二年岁次丁巳仲冬十九日浙江分巡杭嘉湖海防兵备道无锡秦瀛撰"，"嘉庆二年岁次丁巳

仲冬廿又九日朱文藻谨识”。目录末署“嘉庆二年丁巳冬十一月下澣六日吴越三十世孙文瀚荨园氏恭辑”。卷末有钱泰阶跋，署“嘉庆二年丁巳冬十一月丙寅朔吴越第三十一世孙泰阶谨跋”。另有清抄本，藏于南京图书馆；光绪九年刊本，均未见。1994年上海书店出版社《丛书集成续编》，其中第62册影印收录武林掌故丛编本，无卷首陈杞篆书题写书名页。2008年广陵书社影印出版了清代丁丙编纂的《武林掌故丛编》，其中第九集收录是书。

14.《海塘揽要》十二卷首一卷，（清）杨鑅撰

杨鑅，字振斋，四川合州（今重庆合川）人，生卒不详，乾隆六十年（1795）大挑入浙，曾在富春、横阳、温州、钱塘任职，后升任柳州，其在浙江任职期间负责修建海塘事宜，编著《海塘揽要》。

是编十二卷，成书于嘉庆十三年（1808），并非杨氏一人之力，而是在阮元门生陈寿工作的基础上完成的。阮元《序》说：“爰于嘉庆六七年间，属门生陈编修寿祺纂成《全志》三十卷，继因奉讳去官，未及梓行。东防同知台州杨君蓓任后，究心志乘，请其稿于元，而加以删纂，别辑为《海塘揽要》十二卷，以续长白琅公所辑《新志》。”杨氏《自序》：“鑅职任修防，躬操畚挶。虑其卷帙浩繁，参考未便，爰取新旧两《志》凡有裨益塘工者，胪为八卷。旋得阮大中丞《新志》，扩而续之，列门十二。”是编专记海塘修筑相关事宜，内容依次为：卷首宸翰、卷一图说、卷二潮赜上（统论潮理）、卷三潮赜下（浙潮荟说、江源附）、卷四沙水、卷五修筑（汉唐宋元明）、卷六至卷八国朝修筑、卷九工程、卷十职官（附兵制）、卷十一神祠、卷十二艺文，体系完备，详略得宜，厚今薄古，图文并茂，突出当时的塘工修筑情况，较之前的海塘志书特色鲜明，史料价值不可忽视。

清刘锦藻《清朝续文献通考》卷二百六十六经籍考十：“《海塘揽要》十二卷，杨鑅撰”；清丁仁《八千卷楼书目》卷八史部：“《海塘揽要》十二卷，国朝杨鑅撰，刊本”；民国赵尔巽《清史稿》志一百二十八艺文二：“《海塘揽要》十二卷，杨鑅撰”。

版本有清嘉庆十六年（1811）刻本，前有董诰序、阮元序、周兆基序、白岳庆序、韩克均序、孙凤鸣序、黄友教序、陈昌齐序、彭人杰序、杨鑅自序、广善序，正文每半页十行，行十八字，遇讳抬格，左右双边，有界

栏，上单黑鱼尾，白口，版心上镌书名、中镌卷名，下镌页码，卷末有后石蕴玉序、李庚芸跋。2000 年故宫博物院编海南出版社《故宫珍本丛刊》影印收录全文，2015 年郑翰献主编杭州出版社《钱塘江文献集成》之《钱塘江海塘史料（四）》点校收录全文。

15.《续海塘新志》四卷，（清）富呢扬阿等纂

富呢扬阿（？—1845），满洲镶红旗人，字海帆，道光间举人，早年在京为官，道光十年（1830）十月任浙江巡抚，后历任盛京工部侍郎兼管顺天府尹、布多参赞大臣、乌鲁木齐都统、陕西巡抚、陕甘总督等职，大部分为官时间在西北。富呢扬阿在任浙江巡抚期间，重视塘工。《清史稿·河渠志》载道光十三年多次记载富呢扬阿上书言修海塘事，如“外护塘根，无如坦水，拟自念里亭汛至镇海汛，添建盘头三座，改建柴塘三千三百余丈；其西塘乌龙庙以东，应接筑鱼鳞石块；海甯绕城石塘，应加高条石两层。俟明年大汛时续办”。可见，其对浙江海塘修筑做出了努力。

《续海塘新志》四卷乃《海塘新志》之续编，以补前书之不备，成书于道光年间，起止时间为道光十二年闰九月十九日，道光十九年十月二十日。总目分为四门：①谕旨，所载皆为上谕及御制诗文；②防汛，有图十一幅，依次为浙江杭嘉湖三府海塘图、西防海塘图、东防海塘图、乍防海塘图、李家埠汛海塘图、翁埠汛海塘图、截家石桥汛海塘图、镇海塔汛海塘图、念里亭汛海塘图、尖山汛海塘图、盐平汛海塘图；③修筑，列叙建筑之事；④工程，列叙采购工程材料之事。编末又附图二十幅，皆考工程工料及工段之方式也。兹篇绘图较《海塘新志》多，且十分精致，于海塘形势多有补正。叙述亦详明，论证清晰，文字流畅。

版本有清道光间刻本，天津、上海、南京、浙江等图书馆有藏。2006 年广陵书社《中国水利志丛刊》收录了该书。1970 年台湾成文出版社《中国方志丛书》收录了是书，附于《海塘新志》之后。2014 年郑翰献主编杭州出版社《钱塘江文献集成》之《钱塘江海塘史料（一）》收录全文，据道光本点校，编纂者署名为佚名。

16.《海盐县新办塘工成案》三卷，（清）汪仲洋纂

汪仲洋，字少海，四川成都人，嘉庆六年（1801）举人，在浙江桐庐、

山阴、余姚等地任职，生卒不详。其中道光元年（1821）任海盐知县，受时任浙江巡抚率承瀛、杭嘉湖道林则徐委派，主持捐款，修筑海盐县海塘，历时 4 年，细心谋划，不辞劳苦，完成险塘 80 余丈，人称“汪公堤”。王氏任职海盐期间，政声颇著，百姓爱戴，甚至为期建立生祠。著有《心知堂诗稿》十八卷。

是编专记道光初年海盐县捐修塘堤工程事宜，成书于道光四年，汪氏在当年七月十五日《弁言》：“盐邑沿海石、土堤甚夥。勅海庙前最当潮冲者，计鱼鳞大石塘凡六百十三丈。洋三年守土，所办及十分之二。凡相度形便、购求木石、役以时而工随告藏者，皆上由各大宪先事指示，下赖诸委员同心督办。洋不过以不欺不侵之微忱，承宜其际，并无劳苦之绩可纪可书，何敢漫著成案？但以色中父老子弟咸谓此番工筑足以经久捍御，而办之工尚有数段，必欲稍存梗概，以商后之董斯役者。爰就文卷所存，删汰冗复而留其略有关系者，厘为三卷云。”

是编原书未见，2016 年李续德编纂的《道光朝东西两防海塘全纪》点校收录全文，共三卷：一为海盐县捐办塘工案，包括海盐县捐办塘工案弁言、工程缘起、江苏采石案、工程准备及资金筹备、工程进展、工程告竣；一为海盐县奏办岁修案，包括海盐塘工岁修请款案、黎首字号岁修准备、黎首字号岁修工程进展、黎首字号岁修完竣、伏周字号岁修缘由、伏周字号岁修工程、宾字等号理砌工程、生字等号石塘理砌工程；一为海盐县各塘字号丈尺及图说，包括海盐塘工勘估由、海塘形式及工艺、估价册、石土各塘字号丈尺册、海盐县海塘图。

版本有清道光七年（1827）刻本，卷一、二浙江省图书馆有藏，卷三清华大学图书馆有藏，惜未见。

17.《海塘新案》八册，（清）佚名编

是编不署编纂者，原书未见，据《钱塘江文献集成》之《钱塘江海塘史料（四）》中该书“出版说明”：《海塘新案》八册，“系清代为修筑浙江境内钱塘北岸，南自海宁、北至海盐带海塘的官府档案，始自清同治，迄于光绪年间。前四册为奏疏附部文，乃当时浙江巡抚蒋益澧、马新贻、吴棠、李瀚章、杨昌浚、梅启照等的奏疏及朝廷工部、户部、兵部各职能部门的有关案卷。后四册分别为保案、工段丈尺、估销银数及外办章程，总

共为二十一案工程项目，包括承办者保修年限、完成工段丈尺、估销银两、具体施工章程，以及修竣之后对有功人员的褒奖、晋升等反映了海塘工程建设从立项到完成的全过程，具有较高的资料价值。”版本有清抄本，署马新贻、杨昌浚撰，此处只是列举了其中的作者两名，当不是该书的编纂者。2015 年郑翰献主编杭州出版社版《钱塘江文献集成》之《钱塘江海塘史料（五）》收录全文，据浙江省水利厅档案室手写线装本点校。

18.《续修浙江通志海塘长编》，（清）唐咏裳辑

唐咏裳，字健伯，号允公，钱塘（今浙江杭州）人，工篆刻，生卒不详，著有《周礼地官冬官徵》一卷、《译雅》一卷、《列史外夷传微》一卷。《广印人传》有传。

是编辑录《光绪会典事例》《同治户部则例》和《皇朝掌故汇编》三书中有关的浙江海塘工程资料，自顺治十六年（1659）起，至光绪十六年（1890）止。具体内容包括《同治户部则例》卷九十三：浙江海盐县石塘工料；《光绪会典事例》卷九百二十：工部海塘、职掌、塘工；《光绪会典事例》卷九百二十一：工部海塘、塘工二；《光绪会典事例》卷九百二十二：工部海塘、岁修、塘汛、夫役；《光绪会典事例》卷九百二十三：工部海塘、塘工做法；《皇朝掌故汇编内编》卷六十：工政四、塘工，具体涉及决策、官制、修筑、工程、工役、物价、修筑方法等各个方面。

版本有唐氏稿本，未见。国家图书馆出版社《稀见方志丛刊》影印收录。2015 年郑翰献主编杭州出版社《钱塘江文献集成》之《钱塘江海塘史料（六）》收录全文，据稿本本点校。

19.《浙江海塘事宜册》一卷，（清）佚名纂

版本有清彩绘本，嘉庆间佚名纂辑，据 2007 年南京图书馆编江苏人民出版社《南京图书馆珍本图录》载：半页 8 行，行 21 字，高 23.9 厘米，宽 18.1 厘米。

20.《海宁塘末议》一卷，（清）张斯桂撰

张斯桂（1817—1888），字景颜，号鲁生，浙江慈溪人，外交官，参与洋务运动。是书记海宁海塘修筑事。版本有清同治六年（1867）木活字印

本，浙江省图书馆有藏，惜未见。

21.《东西两防海塘图及有关资料》，（清）严烺撰

严烺，浙江仁和（今杭州）人，版本有清道光十五年（1835）刊本，未见。

22.《甲午海塘图记》，（清）严烺撰

版本有清道光二十四年（1844）刊本，南京图书馆有藏，未见。

23.《海塘通工大修案（同治七年至十一年）》不分卷，（清）不著制者

版本有清抄本，见中国古籍总目编纂委员会编《中国古籍总目》史部第六册，原书未见。

24.《浙江海塘全图》一幅附杨昌浚跋，（清）不著制者

清同治十三年（1874）胡鑁拓本，高 83 厘米，长 177 厘米。

25.《浙江省海塘沙水情形图》一幅，（清）不著制者

清光绪七年（1881）彩绘本，高 17 厘米，长 67 厘米。

26.《浙江江海塘工统塘柴埽石塘篓坦盘里头各工形势字号丈尺里堡地名全图》一幅缮折一册，（清）不著制者

清光绪二十一年（1895）彩绘本，高 19.5 厘米，长 1332 厘米。

27.《光绪二十七年二月份浙江省海塘沙水情形图》一幅，（清）不著制者

清光绪二十七年（1901）彩绘本，高 18.6 厘米，长 67 厘米。

28.《光绪二十七年十月份浙江省海塘沙水情形图》一幅，（清）不著制者

清光绪二十七年（1901）彩绘本，高 18.3 厘米，长 66.4 厘米。

29.《光绪二十九年二月份浙江省海塘沙水情形图》一幅，（清）不著制者

清光绪二十九年（1901）彩绘本，高 18.2 厘米，长 67 厘米。

30.《浙江海塘工程全图》一幅，（清）不著制者

清光绪间彩绘本，高 12 厘米，长 828.8 厘米。

31.《浙江海塘新图》一幅，（清）不著制者

清浙江官书局制，光绪间刻印本，高 52.5 厘米，长 62 厘米。

32.《浙江海塘图》一幅，（清）不著制者

清光绪末年彩绘本，高 34.4 厘米，长 960 厘米。

33.《浙江海塘工议事会章程》一卷，（清）浙江海塘工议事会编

版本有清末石印本，未见。

34.《浙江海塘江程总局章程》一卷，（清）不著制者

版本有清末石印本，未见。

35.《浙江海塘巡警据章程》一卷，（清）不著制者

版本有清末铅印本，未见。

36.《浙江海塘工地全图》一卷，（清）不著制者

版本有清彩绘本，未见。

37.《塘工纪略》四卷，（清）连仲愚撰

连仲愚（1805—1874），字乐川，绍兴上虞崧厦镇人，生于官宦世家，家境殷实，中秀才后两次乡试失利，遂绝意科场，诸生，曾任上海县训导。其人喜好藏书，建“枕湖楼”藏书楼。又乐善好施，无善不为，捐出大量财物，建众擎会，筑捍海楼，设立连氏义庄。连氏做了大量善事，去世后获清政府褒奖，有《塘工纪略》四卷和《敬睦堂条规》一卷传世。著名学者德清俞樾亲撰《候选训导连君墓志铭》(见《续碑传集》卷四十六)，并撰《连氏义庄记》记载连氏善举。清李慈铭《越缦堂文集》卷八《训导连君传》言："(连氏)盖竭其财与力于塘，而一息不自解，亦可谓能捍大患以死勤事者也。然而宅里之表无闻，配社之赈不及，而所谓贤能之兴者，皆出不能效一官，处不能善一事，浚公私以为己利而已。"李氏言辞间既有感动又有感慨。

上虞负海面江，于浙东地区海塘最为险要，道光年间海塘坍塌多次，民众深受其害。连氏任虞塘督修，致力于上虞塘工，亲自规划海塘，江塘修筑，前后20余年，"两堤始完固，因手是编，绘图纪事，详载道里之长短，潮汐之高下，与夫兴废之利弊，堤防之急缓，俾后人有所取法。"(《中国河渠书提要》十一)是书又名《上虞塘工纪略》，正编二卷，成书于同治元年，卷前有江海塘堤图，续编一卷，成书于同治五年(1866)，三续成书于同治十年。是编乃塘工专志，是绍兴上虞塘工字号册底档案，系统记录了上虞前江塘及后海塘塘工规划修筑过程，总结了连氏多年修筑海塘建设管理经验。如总结出了塘台法，"凡塘堤溃决，必然先卸里面，无论柴土石塘全借后戗结实。仲节次修塘填补空虚，培植地势，创造塘台，俾塘堤有可倚靠"。这一加固堤塘的方法实践证明是科学实用的。书中还涉及修筑塘工的善后事宜。

清丁仁《八千卷楼书目》史部："《上虞塘工纪略》二卷，国朝连仲愚撰刊本"。清刘锦藻《清续文献通考》卷二百六十六经籍考十："《上虞塘工纪略》四卷，连仲愚撰。仲愚字乐川，浙江上虞人，诸生候选训导。臣谨案：上虞前江后海塘工险要为浙东最，仲愚于孙家渡贺家步次第防护，凡筑海塘四千七百六丈，江塘六百二十六丈，手自规画，垂二十年水不为害。近世竞采新法以塞门德土，为捍海之计者，盖率是书为圭臬乎！"杨绳信编《清代版刻综录》著录："枕湖楼，1887(光绪十三年)年刊《上虞塘工纪略》二卷续一卷，清连仲愚撰。"

版本有《塘工纪略》二卷续一卷三续一卷，稿本，浙江图书馆藏；光绪四年(1878)连氏敬睦堂刻本，国家图书馆、上海图书馆、南京图书馆、浙江图书馆藏；清光绪十三年上虞连氏枕湖楼刻本，半页九行，行二十字，左右双栏，有界格，黑口，版心镌书名、页码，卷首题"上虞塘工纪略""古虞连仲愚乐川氏"，国家图书馆、上海图书馆、浙江图书馆藏。2006年扬州广陵书社作为《中国水利志丛刊》之一种影印出版。

其子连蘅又仿连氏著作体例撰《上虞塘工纪要》二卷及续编多种，记述光绪七年至二十五年前江塘修筑相关事宜，有光绪三十年刊本。连氏与其子连蘅的塘工修筑著作，形成了一个跨度四十余年的著作链条，为研究浙江晚清时期上虞地区水利建设、海塘修筑保存了重要资料。

38.《海宁念汛大口门二限三限石塘图说》一卷，（清）李辅耀撰，袁镇嵩绘图

李辅耀（1848—1916），字补孝，号幼梅、和定，晚号怀庐主人、九子山人，湖南湘阴人，同治优贡，任安仁县教谕、临武县训导、内阁中书，光绪二年（1876）浙江候补道员，历任盐运使、杭嘉湖道员、浙省防军支应居总办、宁绍台道员、温州盐厘局监理等职。期间受浙江巡抚梅启照委托，督办海塘工程。著有《海宁念汛大口门二限三限石塘图说》一卷、《读礼丛钞》十六卷、《玩止水斋遗稿》四卷。

是编由李辅耀撰文，袁镇嵩绘图，专记海宁修筑海塘情形。海宁海塘历来就是浙江海塘修筑的重要部分，李氏从光绪三年接任海宁念汛大口门石塘工程任务，前后历时 4 年，其跋云："奔走工次，亦越三年，于工筑情状，目识之而言不能尽也。爰属宝山袁霓笙少府，为之图等为三十四幅，幅系以说。"卷前有"光绪三年八月二十二日浙江巡抚府院梅奏折""光绪五年五月初十日浙江巡抚府院梅奏折""光绪五年十二月初十日浙江巡抚府院谭片子""光绪七年正月二十六日浙江巡抚府院谭奏折"。正文包括上椿木图、上条石图、上石灰图、开槽清底图、筑子塘图、子塘钉护椿图、搭椿架图、槽内车水图、（宣刀）椿图、揉椿图、上夯椿图、下夯椿图、填嵌椿花图、錾凿条石图、发灰打油灰土、机器钻箫筍眼图、安砌铺地第一层图、机器钻朝天筍眼图、安砌顺石图、安砌丁石图、安砌面石图、筑坿土图、填沟槽图、筑行路图、筑土堰图、全塘工竣图、铁箫筍图、铁锭锔图、土夫器具图、木厂器具图、椿架夫器具图、抬班夫器具图、灰厂器具图、石匠器具图等三十四幅图，每幅图均附图说。《跋》后附有参与此项工程人员二十八人名录。是编随修筑工程进度逐步完成，系统形象地记录了海塘修筑全部情形，是研究古代海塘修筑技术的珍贵文献。

清丁仁《八千卷楼书目》卷八史部："《海宁念汛大口门二限三限石塘图说》一卷，国朝袁镇嵩撰，刊本"。版本有清光绪七年（1881）武林任有容刊本，绩溪胡元洁题书名，正文每半页十一行，行二十三字，细黑口，左右双边，无界栏，版心下镌页码。卷末有光绪七年辛巳冬月李辅耀跋。《中国水利志丛刊》收录李氏《海塘筑圩图说》一卷，未知两者确切关系，或为一书。2014年郑翰献主编杭州出版社《钱塘江文献集成》第4册整理收录。

第三节　海洋生物文献研究

或因地缘关系，浙江人对海洋生物的认知，有意识的记录起步较早，《隋书·经籍志》记载有佚名撰《会稽郡造海味法》一卷，三国时期吴国沈莹撰《临海水土异物志》一卷。北宋嘉祐年间会稽（今浙江绍兴）人傅肱编纂了《蟹谱》二卷，是目前已知世界上首部研究蟹的专书，《四库全书总目提要》"蟹谱"条云："书中所录皆蟹之故事，上篇多采旧文，下篇则其所自记。"其后又有南宋鄞县（今浙江宁波）人高似孙撰《蟹略》四卷，卷一蟹原、蟹象，卷二蟹乡、蟹贝、蟹品、蟹占，卷三蟹贡、蟹馔、蟹牒，卷四蟹雅、蟹志、赋、咏，是一部系统研究蟹的专著。进入明清时期，关于海洋生物的研究，也时有出现。

1.《海味索隐》一卷，（明）屠本畯撰

屠本畯，字田叔，又字豳叟，号汉陂，晚年自称憨先生、乖龙丈人，浙江鄞县（今宁波）人，主要生活在明万历年间（1573—1620），具体生卒不详。本畯好读书，至老尤不释卷，以父荫入仕，历任太常寺典簿、礼部郎中、两淮运司同知、福建任盐运司同知等职。性高洁，澹泊名利，注重经济实学。因生长在浙江沿海，熟知海产，后又任职福建沿海多年，撰有《闽中海错疏》《海味索隐》等海洋生物著作，另有《茗芨》二卷、《情采编》三十六卷、《毛诗郑笺纂疏补协》二十卷、《离骚草木疏补》四卷、《离骚协韵》十卷、《韦玄佩》不分卷等数十种著作传世。

《海味索隐》水产书，是为订正明张九峻《食海味随笔十六品》的漏误而作。屠氏在卷首言："（张氏）博物洽闻，犹嗜著述，尝游蛟川、瀹洲、小白华诸境，而食海味，随笔作赞、颂、铭、解十六品。此品传，而睹其品者足慰名饮，诵其文者良深隽永，增四明海错一段奇事矣。"然张氏之作，

颇多讹误，屠氏作为生长于浙东海滨的“久住人”“久习人”，又曾宦游闽中，作《海错通谱》，“因而索隐于条下，政恐失真，故为订讹也。”

是编一卷，记载海产生物十六种。屠氏对张九嵕所写的蚶子颂、将瑶柱赞、子蟹解、砺房赞、淡菜铭、土铁歌、蟳颂、蛤有多种、黄蛤赞、鱟笺、团鱼说、醉蟹赞、鳇鱼鲞鱼铭、青鲫鱼、蛏赞、鲻鱼颂等十六品水族的赞、颂、铭、解，作了疏解，逐一纠谬，为我国海洋生物的研究开发提供了珍贵的史料。

清代嵇曾筠《（雍正）浙江通志》卷二百五十四：“《海味索隐》一卷，《续说郛》，屠本畯撰”。清钱维乔《（乾隆）鄞县志》卷二十一：“《海味索隐》一卷，《续说郛》”。明崇祯二年（1629）刊《广快书》收录全文。

版本有清顺治三年（1646）两浙督学周南李际期宛委山堂刻本，清代姚安陶珽编《说郛续》卷四十二，正文每半页九行，行二十字，左右双栏，白口，版心上镌书名、下镌页码。

2.《闽中海错疏》三卷，（明）屠本畯撰

作者参见《海味索隐》条。

是编三卷，水产书，专记福建水族，约成书于万历二十四年（1596），是中国最早的海产动物志之一。卷首《周序》言“四明屠田叔来餐盐政司榷之暇，博采周询于凡鳞介之登俎者，汇为一疏”。

全书包括鳞类两卷，一百六十七种；介部一卷，九十种。包括中国著名的大黄鱼、小黄鱼、乌贼、带鱼等四大海产珍品，及鲥、鳓、鲦、对虾等 200 多种海产动物。每种均详细记述形态，习性和特征，还征引相关记载，辨别是非，并加按语，以本畯家乡所产同类海产参证。徐𤊹的《补志》亦收录其中。但其对海洋生物名称、习性、分布、分类等方面的研究自有其重要的学术价值。

清钱维乔《（乾隆）鄞县志》卷二十一：“《闽中海错疏》三卷，《四库全书简明目录志》，闽地水族凡《鳞部》一百六十七种，《介部》九十种，又非闽产而闽所常有者二种”。明祁承㸁《澹生堂藏书目》：“《闽中海错疏》三卷，一册。”清丁仁《八千卷楼书目》卷八史部：“《闽中海错疏》三卷，明屠本畯撰，学津讨原本、艺海珠尘本、明辨斋本”。清黄虞稷《千顷堂书

目》卷九："屠本畯《闽中海错疏》三卷"。清嵇璜《续通志》卷一百五十九艺文略："《闽中海错疏》三卷，明屠本畯撰"。清嵇璜《续文献通考》卷一百八十一经籍考："《闽中海错疏》三卷，本畯见杂家类"。清万斯同《明史》卷一百三十四志一百八："屠本畯《闽中海错疏》三卷"。清张之洞《书目答问》史部："《闽中海错疏》三卷明屠本畯，珠尘本、学津本"。

清永瑢《四库全书总目》卷七十史部二十六："《闽中海错疏》三卷（浙闽总督采进本），明屠本畯撰。本畯字田叔，鄞县人。以门荫入仕，官至福建盐运司同知。是书详志闽海水族，凡《鳞部》二卷，共一百六十七种，《介部》一卷，共九十种，又附非闽产而闽所常有者海粉、燕窝二种。后有自跋，称将入闽时，太常少卿余公君房曰：'状海错来，吾征闽、越而通之。因疏以复'云云。君房者，余寅之字，与本畯同里，为前辈。书中本畯所附案语，多引四明土产以为证。盖即征闽、越而通之之意。中间又有注'补疏'二字者，则徐𤏡所续也。其书颇与黄衷《海语》相近，而叙述较备，文亦简核。惟其词过略，故征引不能博赡，舛漏亦所未免。如'鲨鱼'一条，《海语》谓鲨有二种，而此书列至十二种，固可称赅具。然《海语》所谓海鲨、虎头鲨，常以春晦陟于海山，旬日化而为虎者，此书反遗之。又'海䲡'一条，《海语》谓其鱼长百里，牡蛎聚族其背，旷岁之积，崇十许丈。䲡负以游，崪屼水面如山。其形容最为曲尽，而此但以'移若山岳'一语概之，殊未明晰。然其辨别名类，一览了然，颇有益于多识，要亦考地产者所不废也。"

版本有清乾隆《四库全书》本。清嘉庆十年（1805）虞山张氏照旷阁《学津讨原》刻本、清嘉庆间南汇吴省兰听彝堂《艺海珠尘》刻本，均题"明屠本畯疏并按，明徐𤏡补疏"。《学津讨原》本卷有四库全书提要、屠氏自序，正文每半页九行，行二十一字，左右双栏，细黑口，版心镌书名、页码，下镌"照旷阁"。清光绪二十六年（1900）江南总农会《农学丛书》石印本，题"明屠本畯撰，明徐𤏡补"。清末民国间抄本，题"明屠本畯撰"。民国十一年（1922）上海商务印书馆影印本，题"明屠本畯撰"。民国二十六年上海商务印书馆排印本，乃王云五主编《万有文库》第二集 700 种，扉页题"明屠本畯撰，徐𤏡补疏，国学基本丛书"。卷前有本书四库全书提要、明万历丙申仲春周裔先序及屠氏自序，卷末又附录及张海鹏识。另有民国二十八年王云五主编丛书集成初编本，据《学津讨原》本排印，题"明屠本畯疏，徐𤊹补疏”，文与《万有文库》本同。

1984 年台湾新文丰出版公司《丛书集成初编》影印本，题“明屠本畯疏，明徐𤊹补疏”。1984 年台湾商务印书馆《文渊阁四库全书》影印本。2015 年杭州出版社《文澜阁钦定四库全书》影印本。2017 年香港蝠池书院出版有限公司《明代基本史料丛刊 · 地理卷 · 游记》影印收录。

3.《海错图》四册，（清）聂璜绘

聂璜，字存庵，号闽客，明末清初浙江钱塘（今杭州）人，具体生平不详，画家、生物爱好者。据文金祥考证，聂氏约在康熙六年（1667）迁居温州、台州一带，康熙二十六年在唐代昌元《蟹谱二十种》的基础上增补成《蟹谱三十种》，后期四处云游，绘制完成《海错图》。《图海错序》言：“予图海错，大都取东南海滨所得见为凭。钱塘为吾梓里，与江甚近，而与海稍远，海错罕见。及客闽几二十载，所见无非海物。康熙丁卯，遂图有《蟹谱三十种》。”①

是编共四册，成书于康熙三十七年，颇具现代博物学风格，是一本难得的古代海洋生物图鉴，这也是聂氏唯一传世作品。第一册序言：“时康熙戊寅仲夏，闽客聂璜存庵氏题于海疆之钓鳌矶。”“海错”是中国古代对种类繁多的海洋生物的统称，“错”意为种类繁多、错杂。聂氏曰：“夫错者，杂也，乱也，纷纭混淆，难以品目，所谓不可测也。”该图谱，纸绘本，纵 31.5 厘米，横 67.3 厘米，共记录鲎、螺、蟹、虾等 371 种海洋生物，几乎涵盖了沿海生物的主要类群，另记载海滨植物多种。图谱图文并茂，以类相从，结合西洋画技法，用笔细腻，色彩丰富，将光怪陆离的海洋动物描摹得纤毫毕现，每种生物均配有说明文字，长短不一，并题小赞一首。文中记载融合考证、观察、体验、传说、异闻，对产地、特征、习性、食用方法等内容介绍详细，偶有真假不辨、荒诞不经之处，总体上真实性、趣味性，文学性、知识性强，读来仿佛置身神秘的海洋世界，妙趣横生，令人兴致盎然。聂氏是一位兴趣使然的博物君，有志于创作一本空前的海洋生物图谱，一方面博览群书，稽考文献；一方面游历天津、浙江、福建等沿海多地，考察沿海动植物。文中所记多为亲眼所见、亲耳所闻，可信度相对较高，其中有 236 种可以聂氏图文，归入现代生物分类。同时也应看

① 文金祥主编：《故宫海错图》，北京：故宫出版社，2014 年。

到，明末实证主义的影响，聂氏借鉴了西方博物学知识，居于主导地位的仍然是中国传统博物思想，该图谱主要是来自聂氏的文献经验的整合总结，尚未真正采用近代西方实验科学的方法。该图谱对于研究我国古代沿海地区的生物研究具有重要价值，在中国绘画史上也独树一帜。

从聂氏自序看，其创作目的单一，只是为了研究之用。该图谱成书之后近 30 年并无多少影响。据《(雍正)流水档》记载：雍正四年(1726)，由副总管太监苏培盛把《海错图》带入宫中造办处。该图谱深获皇帝喜爱，乾隆、嘉庆、宣统都曾御览此图，图中钤“乾隆御览之宝”“嘉庆御览之宝”“宣统御览之宝”“乾隆鉴赏”“三稀堂精鉴玺”“宜子孙”“重华宫鉴藏宝”等印。《翁同龢日记·同治八年已巳(1869 年)》记：“于懋勤殿得见康熙中聂某所画《海错图》四册，极瑰异。”据《石渠宝笈续编》记载：该图谱原藏于北京故宫，日本侵华期间文物南迁造成文献分家，现在前三册藏于北京故宫，后一册藏于台北“故宫博物院”。2014 年作为丛书《故宫经典》之一，《故宫海错图》由文金祥主编，故宫出版社出版。

附　　录

明清时期浙江海洋文献总目

1. 《安南供役纪事》一卷，（清）朱之瑜撰
2. 《八省沿海全图》七十九幅，（清）佚名纂
3. 《备倭记》二卷，（明）卜大同撰
4. 《备倭考》，（明）李贤撰
5. 《渤泥入贡记》一卷，（明）宋濂撰
6. 《采硫日记》三卷，（清）郁永河撰
7. 《昌国典咏》十卷，（清）朱绪曾纂
8. 《朝鲜风土略述》一卷，（清）吴钟史撰
9. 《朝鲜国纪》一卷，（明）黄洪宪撰
10. 《朝鲜纪事》一卷，（明）倪谦撰
11. 《朝鲜考略》一卷，（清）龚柴撰
12. 《朝鲜诸水编》一卷，（清）齐召南撰
13. 《敕修两浙盐法志》十六卷首一卷，（清）李卫等纂
14. 《筹海图编》十三卷，（明）胡宗宪修，（明）郑若曾等纂
15. 《筹海重编》十二卷，（明）邓钟编
16. 《筹洋三策》一卷，（清）金安清撰
17. 《筹议海防文稿》一卷，（清）沈炳垣撰
18. 《道光查办盐务河工海塘奏稿》不分卷，（清）敬征等撰
19. 《道光洋艘征抚记》二卷，（清）魏源撰
20. 《地舆图考》五卷，（清）龚柴撰
21. 《定海备倭纪略》，（明）梁文撰
22. 《定海厅洋面岛屿表》一卷附《定海全境舆图》一卷，（清）钱增勋撰
23. 《定海厅志》三十卷首一卷，（清）史致驯、黄以周等纂
24. 《定海县志》八卷，（清）缪燧重修

25. 《定海乡土教科书》十二章，（清）王亨彦纂
26. 《定海镇海沿海形势图》一幅，（清）佚名制
27. 《东北海诸水编》一卷，（清）齐召南撰
28. 《东藩纪要》十二卷补录一卷，（清）薛培榕撰
29. 《东倭考》一卷，（清）金安清撰
30. 《东西两防海塘图及有关资料》，（清）严烺撰
31. 《东游记》一卷，（清）吴钟史撰
32. 《东游日记》一卷，（清）黄庆澄撰
33. 《东游日记》一卷，（清）徐汾撰
34. 《番境补遗》一卷，（清）郁永河撰
35. 《方国珍本末略》一卷，（明）吴国伦撰
36. 《方国珍寇温始末》一卷，（清）叶嘉棆撰，（民国）刘绍宽增订
37. 《防海辑要》十九卷，（清）俞昌会撰
38. 《奉使录》二卷，（明）张宁撰
39. 《扶桑两月记》不分卷，（清）罗振玉撰
40. 《福浙两省江海炮台式样图》一卷，（清）佚名制
41. 《抚夷日记》一卷，（清）张喜撰
42. 《高丽形势》一卷，（清）吴钟史撰
43. 《庚子辛丑海军纪闻》四册，（清）佚名撰
44. 《光绪二十九年二月份浙江省海塘沙水情形图》一幅，（清）不著制者
45. 《光绪二十七年二月份浙江省海塘沙水情形图》一幅，（清）不著制者
46. 《光绪二十七年十月份浙江省海塘沙水情形图》一幅，（清）不著制者
47. 《光绪通商综核表》十六卷，（清）钱恂撰
48. 《归槎日记》一卷，（清）徐汾撰
49. 《归国日记》一卷，（清）王詠霓撰
50. 《归潜记》不分卷，（清）钱单士厘撰
51. 《癸卯旅行记》三卷，（清）钱单士厘撰
52. 《海潮集说》，（清）吴焯撰
53. 《海潮辑说》二卷，（清）俞思谦辑
54. 《海潮说》三篇，（清）周春撰
55. 《海错图》四册，（清）聂璜绘

56. 《海道编》一卷，（清）齐召南撰
57. 《海东逸史》十八卷，（清）翁洲老民撰
58. 《海防经略纂要》二卷，（清）章鑰辑
59. 《海防考》一卷，（明）刘畿撰
60. 《海防略》，（明）钱薇撰
61. 《海防事宜》，（明）茅坤撰
62. 《海防述略》一卷，（清）杜臻撰
63. 《海防图论》一卷，（明）胡宗宪辑
64. 《海防图议》一卷，（明）张兆元撰
65. 《海防总论》一卷，（清）姜宸英撰
66. 《海防纂要》十三卷图一卷，（明）王在晋撰
67. 《海国图志》一百卷，（清）魏源撰
68. 《海寇记》一卷，（清）洪若皋撰
69. 《海寇议》一卷，（明）万表撰
70. 《海宁念汛大口门二限三限石塘图说》一卷，（清）李辅耀撰，袁镇嵩绘图
71. 《海宁塘末议》一卷，（清）张斯桂撰
72. 《海宁卫乘》，（明）采士英编
73. 《海宁卫志》，（明）王文禄撰
74. 《海宁倭寇始末》一卷，（清）吴骞校
75. 《海宁县海潮议》七篇，（清）陈诜撰
76. 《海上纪事》一卷，（清）郁永河撰
77. 《海塘揽要》十二卷首一卷，（清）杨鑅撰
78. 《海塘录》二十六卷，（清）翟均廉撰
79. 《海塘录》十卷，（明）仇俊卿撰
80. 《海塘说》一卷，（清）高晋撰
81. 《海塘通工大修案（同治七年至十一年）》不分卷，（清）不著制者
82. 《海塘新案》八册，（清）佚名编
83. 《海塘新志》六卷，（清）琅玕编
84. 《海外恸哭记》一卷，（清）黄宗羲撰
85. 《海味索隐》一卷，（明）屠本畯撰
86. 《海盐县新办塘工成案》三卷，（清）汪仲洋纂

87.《海盐县新修海塘录》十卷，（明）徐栻撰
88.《海盐筑塘记》一卷，（明）不著撰人
89.《海运详考》一卷，（明）王宗沐撰
90.《海运志》二卷，（明）王宗沐撰
91.《捍海塘志》一卷，（清）钱文瀚、钱泰阶辑
92.《行朝录》十二卷，（清）黄宗羲撰
93.《杭州湾图》，（清）佚名制
94.《航澥遗闻》一卷，（清）任光复撰
95.《亨温至东海图》一幅，（清）佚名制
96.《候潮图说》一卷，（清）陈敬礼撰
97.《皇明四夷考》二卷，（明）郑晓撰
98.《皇明象胥录》八卷，（明）茅瑞徵撰
99.《皇舆考》十二卷，（明）张天复辑
100.《嘉禾倭寇记略》，（明）李日华撰
101.《嘉靖东南平倭通录》一卷，（明）徐学聚撰
102.《嘉靖平倭祇役纪略》六卷，（明）赵文华撰
103.《嘉靖倭乱备抄》不分卷，（清）佚名撰
104.《甲午海塘图记》，（清）严烺撰
105.《江浙外洋山岛说》一卷，（清）李凤苞撰
106.《金鸡谈荟》十四卷首一卷，（清）欧阳利见撰
107.《经略复国要编》十四卷，（明）宋应昌撰
108.《靖海编》八卷，（明）钱人楷辑
109.《靖海纪略》四卷，（明）曹履泰撰
110.《靖海纪略》一卷，（明）郑茂撰
111.《靖海志》四卷，（清）彭孙贻撰，（清）李延昰补编
112.《历代市舶记》一卷，（明）卜大同撰
113.《历修海塘录》九卷，（明）不著撰人
114.《两朝平攘录》五卷，（明）诸葛元声撰
115.《两浙备兵杞言》八卷，（明）蔡懋德撰
116.《两浙订正盐规》四卷，（明）杨鹤纂
117.《两浙海防考》上下卷，（明）官修

118.《两浙海防类考》四卷，（明）谢廷杰撰
119.《两浙海防类考续编》十卷，（明）范涞编
120.《两浙海塘通志》二十卷首卷一卷，（清）方观承纂
121.《两浙盐法续纂备考》十二卷，（清）杨昌濬、季伦全等纂
122.《领海焚余》三卷　（明）金堡撰
123.《闽粤巡视纪略》六卷，（清）杜臻撰
124.《闽中海错疏》三卷，（明）屠本畯撰
125.《明倭寇始末》一卷，（清）谷应泰撰
126.《宁波府通判谕保甲条约》一册，（明）吴允裕撰
127.《宁波府镇海县所辖洋面图》一幅，（清）佚名制
128.《宁波口华洋贸易情形论略》，（清）浙海关税务司撰
129.《欧游随笔》二卷，（清）钱德培撰
130.《澎湖台湾纪略》一卷，（清）杜臻撰
131.《平倭四疏》三卷，（明）章焕撰
132.《平阳外洋图》一幅，（清）佚名制
133.《七省沿海全图》，（清）邵廷烈辑
134.《乾坤一统海防全图》一轴，（明）徐必达制
135.《钦定重修两浙盐法志》三十卷首一卷，（清）阮元、延丰等纂
136.《清初海疆图说》不分卷，（清）不著撰人
137.《全修海塘录》十卷，（明）不著撰人
138.《全浙兵志考》三卷附《日本风土记》五卷，（明）侯继高撰
139.《日本贡市入寇始末》不分卷，（清）姜宸英撰
140.《日本近事记》一卷，（清）陈其元撰
141.《日本考略》一卷，（明）薛俊撰
142.《日本考略》一卷，（清）龚柴撰
143.《日本师船考》一卷，（清）沈敦和撰
144.《三朝平攘录》六卷，（明）诸葛元声撰
145.《山东江南浙江福建四省沿海图》一幅，（清）佚名制
146.《嵊泗列岛晚清民国鱼货账簿》五种，（清末民初），不著撰人
147.《使东诗录》一卷，（清）张斯桂撰
148.《使琉球录》不分卷，（明）陈侃撰

149.《世界海军现状》七章，（清）丁士源撰
150.《殊域周咨录》二十四卷，（明）严从简撰
151.《水道提纲》二十八卷，（清）齐召南撰
152.《台湾小志》一卷，（清）龚柴撰
153.《台湾郑氏始末》六卷，（清）沈云撰，（清）沈垚注
154.《台州平倭纪略》一卷，（明）沈明臣撰
155.《谈瀛录》六卷，（清）袁祖志撰
156.《探夷说帖》一卷，（清）张喜撰
157.《塘工纪略》四卷，（清）连仲愚撰
158.《外史论要》一册，（清）郑传笈撰
159.《万里海防图》一卷，（清）朱子庚制
160.《万里海防图说》二卷，（明）郑若曾撰
161.《万历三大征考》三卷，（明）茅瑞征撰
162.《汪直传》一卷，（明）不著撰人
163.《温处海防图略》二卷，（明）李如华撰
164.《温处海防图略》二卷，（明）刘方誉修，（明）蔡逢时纂
165.《温处盐务纪要》一卷，（清）赵舒翘辑
166.《温处盐务纪要续编》一卷，（清）沈寿铭辑
167.《温州内洋图》一幅，（清）佚名制
168.《温州外洋图》一幅，（清）佚名制
169.《文庄公甲申浙东海防图》十三幅，（清）佚名绘
170.《倭变事略》四卷，（明）采九德撰
171.《倭志》一卷，（明）王世贞撰
172.《五洲图考》六卷，（清）龚柴撰
173.《武备志》二百四十卷，（明）茅元仪撰
174.《暹罗考略》一卷，（清）龚柴撰
175.《象山港图》一幅，（清）佚名制
176.《象山县洋图》一幅，（清）佚名制
177.《象山宜筑军港议》，（清）丁谦撰
178.《袖海编》一卷，（清）汪鹏撰
179.《徐海本末》一卷，（明）茅坤撰

180.《续海塘新志》四卷，（清）富呢扬阿等纂
181.《续琉球国志略》五卷，（清）费锡章辑
182.《续修海塘录》二卷首一卷，（明）乔拱璧撰
183.《续修浙江通志海塘长编》，（清）唐咏裳辑
184.《续纂两浙盐法备考》十二卷，（清）续纂盐法志局纂
185.《鸦片战争战史》一卷，（英）爱特华斯著，（清）程履祥、史悠明译
186.《沿海图说》三十二卷，（清）黄维煊撰
187.《英法俄德四国志略》四卷，（清）沈敦和撰
188.《英吉利广东入城始末》一卷，（清）赵之谦撰
189.《英夷入浙事务奏稿》一册，（清）佚名辑
190.《英夷说》一卷，（清）何大庚撰
191.《瀛寰全志》，（清）谢洪赉撰
192.《瀛壖百咏》一卷，（清）张湄撰
193.《瀛涯胜览》一卷，（明）马欢撰
194.《游高丽王城记》一卷，（清）吴钟史撰
195.《游历图经》六种及《不易介集诗稿》，（清）傅云龙撰
196.《御览江浙闽沿海图》三十六幅，（清）朱正元纂
197.《御倭杂著》，（明）唐枢著
198.《越南考略》一卷，（清）龚柴撰
199.《浙东筹防录》四卷，（清）薛福成撰
200.《浙东纪略》一卷，（清）徐芳烈撰
201.《浙东纪游草》一卷，（清）沈锡爵撰
202.《浙东镇海得胜图（浙防纪实图）》十一幅序两篇，（清）佚名绘
203.《浙海钞关征收税银则例》一卷，（清）不著撰人
204.《浙海遗兵》一卷，（清）倪在田撰
205.《浙海舟山形势图》一幅，（清）佚名制
206.《浙江办理英国防务奏案钞档案》不分卷，（清）佚名撰
207.《浙江地理之图》，（明）李贤等制
208.《浙江定海图》一幅，（清）佚名制
209.《浙江海防兵粮疏》一册，（明）赵炳然撰，兵部户部覆议
210.《浙江海防图（浙江沿海图）》一幅，（清）佚名制

211.《浙江海防要口隘详考全图》一幅，（清）佚名制
212.《浙江海塘工程全图》一幅，（清）不著制者
213.《浙江海塘工地全图》一卷，（清）不著制者
214.《浙江海塘工议事会章程》一卷，（清）浙江海塘工议事会编
215.《浙江海塘江程总局章程》一卷，（清）不著制者
216.《浙江海塘全图》一幅附杨昌浚跋，（清）不著制者
217.《浙江海塘事宜册》一卷，（清）佚名纂
218.《浙江海塘图》一幅，（清）不著制者
219.《浙江海塘新图》一幅，（清）不著制者
220.《浙江海塘巡警据章程》一卷，（清）不著制者
221.《浙江海洋图说》一幅，（清）佚名制
222.《浙江海运漕粮全案重编》二十卷，（清）黄宗汉、（清）马新贻辑
223.《浙江江海塘工统塘柴埽石塘篓坦盘里头各工形势字号丈尺里堡地名全图》一幅缮折一册，（清）不著制者
224.《浙江全省舆图并水陆道里记》不分卷，（清）宗源翰编
225.《浙江全图》，（清）湖北官书局制
226.《浙江全图》，（清）六严制
227.《浙江省》，（清）商务印书馆制
228.《浙江省海塘沙水情形图》一幅，（清）不著制者
229.《浙江省全海图说》一幅，（清）佚名制
230.《浙江省沿海全图》一幅，（清）佚名制
231.《浙江省盐务变通章程》不分卷，（清）佚名撰
232.《浙江省垣水利全图》，（清）佚名制
233.《浙江通志水利海防》十四卷，（清）李卫、沈翼机等纂修
234.《浙江图》，（明）陆应阳原纂，清蔡方炳增辑
235.《浙江图》，（明）佚名制
236.《浙江图》，（明）左君衡制
237.《浙江图》，（清）佚名制
238.《浙江图》，（清）佚名制
239.《浙江沿海图》一幅，（清）佚名制
240.《浙江沿海图说》一卷附《海岛表》一卷，（清）朱正元撰

241.《浙江沿海要口全图》,(清)沈应旌制
242.《浙江舆图》,(明)李默制
243.《浙江舆图》,(明)罗洪先制
244.《浙江舆图》,(明)钱岱制
245.《浙江舆图》,(明-清)佚名制
246.《浙江舆图》,(清)顾祖禹撰
247.《浙江舆图》,(清)佚名制
248.《浙江镇海口海防布置战守情形图》正图一幅分图八幅附说,(清)佚名绘
249.《浙江总兵官肃纪维风册》一册,(明)胡守仁撰
250.《浙江奏办夷务事宜》一卷,(清)耆英、伊里布、牛鉴撰
251.《浙闽沿海全图》一幅,(清)佚名制
252.《浙省倭寇始末略》一篇,(明)朗瑛撰
253.《浙盐纪事》一卷,(明)叶永盛撰
254.《浙中英法战争纪略》二篇,(清)李应珏撰
255.《镇海县海塘图略》一卷,(清)王梦弼制
256.《郑和航海图》不分卷,(明)茅元仪编
257.《中东战史》一卷,(英)艾特华斯著,(清)史悠明、程履祥译
258.《中国海岛考略》一卷,(清)龚柴撰
259.《中祕日录》二卷,(清)无名氏编
260.《中山见闻辨异》一卷,(清)黄景福撰
261.《中外交涉类要表》四卷,(清)钱恂撰
262.《中西纪事》二十四卷,(清)夏燮撰
263.《中亚美利加五国政要》一卷,(清)郑昌棪撰
264.《重修两浙盐志》二十四卷,(明)杨鹤订定,崔尔进、胡继升续订,王圻纂
265.《舟山防守议》一卷,(明末清初)谢泰交撰
266.《舟山纪略》一卷,(清)佚名编
267.《舟山考》一卷,(清)佚名撰
268.《舟山兴废》一卷,(清)黄宗羲撰
269.《舟师绳墨》一卷,(清)林君升撰
270.《槜李记》一卷,(明)王樵撰

参考书目

1. 本社古籍影印室编. 明清以来公藏书目汇刊[M]. 北京：北京图书馆出版社, 2008.
2. 中国古籍总目编纂委员会编. 中国古籍总目[M]. 上海：上海古籍出版社, 2009.
3. （清）王锡祺辑. 小方壶斋舆地丛钞[M]. 杭州古籍书店, 1985.
4. 王国平主编. 西湖文献集成[M]. 杭州：杭州出版社, 2004.
5. 洪焕椿编著. 浙江方志考[M]. 杭州：浙江人民出版社, 1984.
6. 贾晋华主编. 香港所藏古籍书目[M]. 上海：上海古籍出版社, 2003.
7. 陶存焕，周潮生著. 明清钱塘江海塘[M]. 北京：中国水利水电出版社, 2001.
8. 李志庭著. 浙江通史[M]. 杭州：浙江人民出版社, 2005.
9. 上海图书馆. 中国丛书综录. 北京：中华书局, 1961.
10. 郑翰献主编. 钱塘江文献集成[M]. 杭州：杭州出版社, 2014.
11. 王云五主编. 丛书集成初编 [M]. 北京：商务印书馆, 1936.
12. 李续德，闫彦，王秀芝. 道光朝东西两防海塘全纪[M]. 北京：中国水利水电出版社, 2016.
13. 闫彦，李大庆，李续德主编. 浙江海潮·海塘艺文[M]. 杭州：浙江大学出版社, 2013.
14. 张芳著. 中国古代灌溉工程技术史[M]. 太原：山西教育出版社, 2009.
15. 姚汉源著. 中国水利发展史[M]. 上海：上海人民出版社, 2005.
16. 张文彩编著. 中国海塘工程简史[M]. 北京：科学出版社, 1990.
17. 张芳编著. 二十五史水利资料综汇[M]. 北京：中国三峡出版社, 2007.
18. 闫彦，沈建华主编. 浙江水文化[M]. 杭州：浙江大学出版社, 2008.
19. 《海宁潮志》编纂委员会编. 海宁潮志[M]. 北京：中国文史出版社, 2014.
20. 郑天挺等主编. 中国历史大辞典（音序本）[M]. 上海：上海辞书出版社, 2007.
21. 张亚红，徐炯明编著. 宁波明清海防研究[M]. 宁波：宁波出版社, 2012.
22. 杨金森，范中义著. 中国海防史 [M]. 北京：海洋出版社, 2005.
23. 王宏斌著. 清代前期海防：思想与制度[M]. 北京：社会科学文献出版社, 2002.
24. 宋烜著. 明代浙江海防研究[M]. 北京：社会科学文献出版社, 2013.
25. 张杰著. 海防古所 福全历史文化名村空间解析[M]. 南京：东南大学出版社, 2014.
26. 杜臻著. 海防述略[M]. 北京：中华书局, 1991.

27. 夏炳章，王闰清编著. 海天雄镇 镇海口海防遗址[M]. 北京：中国大百科全书出版社, 1998.
28. 易泽阳著. 明朝中期的海防思想研究[M]. 北京：解放军出版社, 2008.
29. 卢建一著. 闽台海防研究[M]. 北京：方志出版社, 2003.
30. 许毓良著. 清代台湾的海防[M]. 北京：社会科学文献出版社, 2003.
31. （清）卢坤,（清）邓廷桢主编. 广东海防汇览[M]. 石家庄：河北人民出版社, 2009.
32. 刘熊祥著. 清季四十年外交与海防[M]. 三友书店, 1943.
33. 苏勇军著. 明代浙东海防研究[M]. 杭州：浙江大学出版社, 2014.
34. （明）范涞. 两浙海防类考续编[M]. 台湾学生书局, 1987.
35. 海疆文献初编沿海形势及海防编委会. 中国边疆研究资料文库 海疆文献初编[M]. 北京：知识产权出版社, 2011.
36. 《中国海疆文献续编》编委会编. 中国边疆研究资料文库 中国海疆文献续编[M]. 北京：线装书局, 2012.
37. 汝玉虎，黎烈军译注. 近代海军海防文选译[M]. 成都：巴蜀书社, 1997.
38. （布国）希理哈撰；（英国）傅兰雅口译；（金匮）华蘅芳笔述. 防海新论[M]. 江南制造局, 同治十二年（1873）.
39. （清）俞昌会撰. 防海辑要 18 卷 卷首 1 卷[M]. 百甓山房, 1842.
40. 施鼎钧，刘惠生，余汉桂编. 古代渔业著作选辑 明、清部分 海错百一录[M]. 1986.
41. 浙江图书馆滕录. 重修浙江通志稿[M]. 浙江图书馆, 1983.
42. 梁二平编. 中国古代海洋文献导读[M]. 北京：海洋出版社, 2012.
43. 四川自贡市盐业历史博物馆编. 中国盐业史辞典[M]. 上海：上海辞书出版社, 2010.
44. 赵启林主编. 中国盐文化史[M]. 郑州：大象出版社, 2009.
45. 丛书集成续编[M]. 上海：上海书店出版社, 1994.
46. 浙江文丛[M]. 杭州：浙江古籍出版社, 2015.
47. 卢嘉锡总主编. 中国科学技术史[M]. 北京：科学出版社, 2008.
48. 郑天挺，谭其骧主编. 中国历史大辞典[M]. 上海：上海辞书出版社, 2010.
49. 罗振玉著. 罗雪堂先生全集[M]. 台北：大通书局, 1986.
50. 国家图书馆分馆普通古籍组编. 中国国家图书馆古籍藏书印选编[M]. 北京：线装书局, 2004.
51. （元）陈椿撰. 熬波图说[M]. 北京：书目文献出版社, 2012.
52. 赵德馨主编. 中国经济史辞典[M]. 武汉：湖北辞书出版社, 1990.
53. 陆人骥编. 中国历代灾害性海潮史料[M]. 北京：海洋出版社, 1984.
54. 俞思谦纂. 海潮辑说[M]. 北京：中华书局, 1985.
55. 周春纂. 海潮说[M]. 北京：中华书局, 1985.

56. 许保林著.中国兵书通览[M]. 北京：解放军出版社, 2016.

57. 卢建一点校.明清东南海岛史料选编[M]. 福州：福建人民出版社, 2011.

58. 刘小树主编.中国历代兵书荟萃[M]. 北京：北京燕山出版社, 2008.

59. （清）魏源. 魏源全集[M]. 长沙：岳麓书社, 2004.

60. 中华人民共和国杭州海关译编. 近代浙江通商口岸经济社会概况 浙海关 瓯海关 杭州关贸易报告集成[M]. 杭州：浙江人民出版社, 2002.

61. 浙江省地方志编纂委员会编. 浙江通志 13[M]. 北京：中华书局, 2001.

62. 吴海波，曾凡英著. 中国盐业史学术研究一百年[M]. 成都：巴蜀书社, 2010.

63. （清）李卫总纂；吴相湘主编.中国史学丛书 敕修两浙盐法志 [M]. 台北：台湾学生书局，1966.

64. 付璇琮总主编. 续修四库全书总目提要 史部[M]. 上海：上海古籍出版社, 2014.

65. （清）周中孚撰. 郑堂读书记[M]. 商务印书馆, 1940.

66. 宋良曦，林建宇，黄健，程龙刚编.中国盐业史辞典，上海：上海辞书出版社, 2010. 第 245 页。

67. 于浩编. 稀见明清经济史料丛刊[M]. 北京：国家图书馆出版社, 2012.

68. 章新亚主编.《舟山市志》编修始末[M].杭州：浙江人民出版社, 1994.

69. （西汉）班固撰，汉书・艺文志[M].北京：中华书局，1973.

70. （唐）魏徵等撰，隋书・经籍志[M].北京：中华书局，1973.

71. （后晋）刘昫等撰，旧唐书・经籍志[M].北京：中华书局，1973.

72. （北宋）欧阳修宋祁撰，旧唐书・艺文志[M].北京：中华书局，1973.

73. （元）脱脱撰，宋史・艺文志[M].北京：中华书局，1973.

74. （清）张廷玉撰，明史・艺文志[M].北京：中华书局，1973.

75. 赵尔巽等撰，清史稿・艺文志[M].北京：中华书局，1973.

76. （清）永瑢等撰，四库全书总目[M].北京：中华书局，1965.

77. （南宋）晁公武，郡斋读书志[M].上海：上海古籍出版社，1990.

78. （南宋）陈振孙，直斋书录解题[M].上海：上海古籍出版社，1987.

79. （北宋）王尧臣，崇文总目[M].丛书集成本.

80. （南宋）尤袤，遂初堂书目[M].北京：中华书局，1985.

81. （明）陈第，世善堂藏书目录[M].北京：中华书局，1985.

82. （明）祁承㸁，澹生堂藏书目[M].会稽徐氏铸学斋本.

83. （明）杨士奇，文渊阁书目[M].北京：中华书局，1985.

84. （明）朱睦㮮，万卷堂书目[M].

85. （清）范邦甸，天一阁书目[M].上海：上海古籍出版社 ，2010.

86. （清）季振宜，季沧苇藏书目[M].北京：中华书局，1985.
87. （清）瞿镛，铁琴铜剑楼藏书目录[M].上海：上海古籍出版社，2000.
88. （清）钱谦益，绛云楼书目[M].北京：中华书局，1985.
89. （清）钱曾，钱遵王述古堂藏书目录[M].济南：齐鲁书社，1996.
90. （清）陆心源，皕宋楼藏书志[M].光绪八年刻本.
91. （清）徐乾学，传是楼书目[M].清刻本.
92. （清）张之洞，书目答问补正[M].上海：上海古籍出版社 ，2008.
93. （清）叶德辉，书林清话[M].北京：国家图书馆出版社，2009.
94. （清）嵇曾筠，（雍正）浙江通志[M].凤凰出版社编选，2010.
95. （明）张元忭，（万历）绍兴府志[M].济南：齐鲁书社，1996.
96. （三国吴）康泰　朱应 撰，陈佳荣 编辑，外国传[M].香港新华彩印出版社，2006.
97. 景印文渊阁四库全书[M].上海：上海古籍出版社，1990.
98. 《续修四库全书》编纂委员会编. 续修四库全书[M]. 上海：上海古籍出版社, 2002.
99. 丛书集成初编[M].北京：中华书局，1991.
100. 历代边事资料辑刊[M].北京图书馆出版社，2005.
101. 钟淑河 主编，走向世界丛书[M].岳麓书社，2008.
102. （清）董诰 编，全唐文[M].上海：上海古籍出版社，1990.
103. 洪焕椿，浙江文献丛考[M].杭州：浙江人民出版社，1983.
104. 洪焕椿，浙江地方志考[M].杭州：浙江人民出版社，1984.
105. （东汉）袁康　吴平撰，越绝书[M].上海：上海古籍出版社，1985.
106. （三国吴）沈莹，张崇根 辑注，临海水土异物志[M].北京：中央民族大学出版社，1998.
107. （南宋）赵汝适，诸蕃志[M].上海：上海古籍出版社，1993.
108. （南宋）周去非，岭外代答[M].北京：中华书局，1985.
109. （元）周达观，真腊风土记[M].北京：中华书局，1981.
110. （明）马欢，瀛涯胜览[M].北京：中华书局，1985.
111. （明）采九德，倭变事略[M].北京：中华书局，1985.
112. （清）傅云龙，游历日本图经[M].上海：上海古籍出版社，2003.
113. （明）严从简，殊域周咨录[M].北京：中华书局，1993.
114. 陈佳荣，钱江，张广达编.历代中外行纪[M].上海：上海辞书出版社，2008.
115. 谭其骧主编：《清人文集地理类汇编》，杭州：浙江人民出版社，1990.